1. Berechne die Produkte!

   a) $\dfrac{4}{5} \cdot \dfrac{1}{3} =$ _____

   b) $\dfrac{15}{6} \cdot \dfrac{3}{2} =$ _____

   c) $\dfrac{8}{9} \cdot \dfrac{3}{4} =$ _____

   d) $\dfrac{3}{16} \cdot 8 =$ _____

   e) $10 \cdot \dfrac{3}{5} =$ _____

   f) $\dfrac{3}{40} \cdot 2\dfrac{2}{9} =$ _____

2. Berechne die Ouotienten!

   a) $\dfrac{7}{11} : \dfrac{2}{3} =$ _____

   b) $\dfrac{4}{7} : \dfrac{2}{3} =$ _____

   c) $\dfrac{8}{9} : \dfrac{4}{3} =$ _____

   d) $\dfrac{8}{15} : \dfrac{2}{3} =$ _____

   e) $\dfrac{72}{13} : 6 =$ _____

   f) $5 : 6\dfrac{2}{3} =$ _____

3. Berechne!

   a) $\dfrac{1}{2} + \dfrac{1}{5} =$ _____

   b) $\dfrac{4}{5} - \dfrac{1}{10} =$ _____

   c) $\dfrac{7}{9} - \dfrac{1}{6} =$ _____

   d) $\dfrac{7}{12} + \dfrac{1}{15} =$ _____

4. Berechne,

   a) die Summe, b) das Produkt, c) den Quotienten und

   d) die Differenz von $\dfrac{5}{6}$ und $\dfrac{3}{10}$!

   a) _____

   b) _____

   c) _____

   d) _____

5. Berechne!

   a) $\dfrac{3}{8} + \dfrac{1}{4} \cdot \dfrac{1}{2} =$ _____

   b) $\dfrac{3}{8} + (\dfrac{1}{4} \cdot \dfrac{1}{2}) =$ _____

   c) $(\dfrac{3}{8} + \dfrac{1}{4}) \cdot \dfrac{1}{2} =$ _____

   d) $(\dfrac{3}{8} - \dfrac{1}{4}) \cdot \dfrac{1}{2} =$ _____

Z. Nenne einen Bruch, der zwischen den beiden Brüchen liegt!

   a) $\dfrac{1}{3}$ und $\dfrac{2}{3}$ b) $\dfrac{1}{9}$ und $\dfrac{2}{9}$ a) _____   b) _____

1. Löse folgende Aufgaben!

   a) $16,5 + 4,2 =$ _____   c) $28,4 - 2,7 =$ _____   e) $7,02 + 0,45 =$ _____

   b) $5,7 + 3 =$ _____   d) $16 - 0,3 =$ _____   f) $100 - 2,3 =$ _____

2. Berechne! Nutze Rechenvorteile!

   a) $26,1 + 0,75 + 4,4 + 1,25 - 6,1 =$ _____

   b) $0,8 - 0,7 + 0,6 - 0,5 + 0,4 - 0,3 + 0,2 - 0,1 =$ _____

3. Berechne!

   a) $4 \cdot 1,2 =$ _____   c) $1,2 \cdot 0,6 =$ _____   e) $400 \cdot 0,7 =$ _____

   b) $0,5 \cdot 30 =$ _____   d) $37 \cdot 0,03 =$ _____   f) $3 \cdot 0,03 =$ _____

4. Ermittle die Quotienten!

   a) $6,9 : 3 =$ _____   d) $1,6 : 0,2 =$ _____   g) $3,6 : 4 =$ _____

   b) $2,4 : 8 =$ _____   e) $18 : 0,6 =$ _____   h) $3,6 : 0,4 =$ _____

   c) $4,9 : 7 =$ _____   f) $5 : 0,01 =$ _____   i) $3,6 : 0,04 =$ _____

5. Ermittle x!

   a) $x : 3 = 1,5$ c) $3 : x = 1,5$ e) $3,2 : x = 0,8$

   $x =$ _____ $x =$ _____ $x =$ _____

   b) $3x = 1,5$ d) $0,8 \cdot x = 3,2$ f) $x : 0,8 = 3,2$

   $x =$ _____ $x =$ _____ $x =$ _____

6. Berechne!

   a) $(2,1 + 3,5) : 7 =$ _____   c) $3 + 0,5 \cdot 4 =$ _____

   b) $2,1 + 3,5 : 7 =$ _____   d) $(3 + 0,5) \cdot 4 =$ _____

Vermischte Übungen
Wiederholung aus den Klassenstufen 5 bis 9

1. Wandle in echte Brüche oder gemischte Zahlen um! Kürze möglichst!

   a) $0,3 =$ _____   d) $0,15 =$ _____   g) $1,4 =$ _____

   b) $0,8 =$ _____   e) $0,07 =$ _____   h) $2,5 =$ _____

   c) $0,31 =$ _____   f) $0,025 =$ _____   i) $3,24 =$ _____

2. Schreibe als Dezimalbrüche!

   a) $\frac{7}{10} =$ _____   d) $\frac{9}{100} =$ _____   g) $3\frac{1}{10} =$ _____

   b) $\frac{17}{100} =$ _____   e) $\frac{111}{100} =$ _____   h) $6\frac{49}{1000} =$ _____

   c) $\frac{131}{100} =$ _____   f) $\frac{35}{1000} =$ _____   i) $9\frac{1}{1000} =$ _____

3. Wandle in Dezimalbrüche um!

   a) $\frac{3}{5} =$ _____   c) $8\frac{1}{2} =$ _____   e) $\frac{3}{12} =$ _____

   b) $\frac{11}{25} =$ _____   d) $\frac{22}{200} =$ _____   f) $\frac{28}{40} =$ _____

4. Berechne!

   a) $0,6 + \frac{1}{2} =$ _____   b) $7,37 + \frac{2}{5} =$ _____

   c) $0,5 - \frac{1}{3} =$ _____

   d) $\frac{5}{6} + 0,8 =$ _____

   e) $\frac{7}{20} + 6,31 =$ _____

   f) $\frac{1}{9} + 0,9 =$ _____

5. Ordne nach der Größe!

   $e = \frac{1}{2}$; $k = \frac{5}{4}$; $n = \frac{3}{10}$; $o = \frac{4}{5}$; $r = 0,83$; $w = 0,52$; $y = 0,799$

   ____ < ____ < ____ < ____ < ____ < ____ < ____

   n < ____ < ____ < ____ < ____ < ____ < ____

Vermischte Übungen
Wiederholung aus den Klassenstufen 5 bis 9

1. Berechne!

   a) $3 \cdot (-12) =$ _____   c) $(-2) \cdot 18 =$ _____   e) $(-8)^2 =$ _____

   b) $(-9) \cdot (-4) =$ _____   d) $(-2) \cdot (-7) =$ _____   f) $-8^2 =$ _____

2. Berechne!

   a) $-18 : 3 =$ _____   c) $(-48) : (-6) =$ _____   e) $-\dfrac{48}{12} =$ _____

   b) $28 : (-4) =$ _____   d) $\dfrac{-35}{7} =$ _____   f) $\dfrac{-3}{-1} =$ _____

3. Vervollständige die Angaben in der Tabelle!

a	16	4	0	−7	−12
a + 8					
a − 10					

4. Setze für a die Zahl −5 ein und berechne den Wert der Terme!

   a) $15a =$ _____   d) $a : (-5) =$ _____   g) $-a + 1 =$ _____

   b) $-9a =$ _____   e) $a + 16 =$ _____   h) $3 - a =$ _____

   c) $a^2 =$ _____   f) $a - 4 =$ _____   i) $a + 5 =$ _____

5. Berechne!

   a) $-\dfrac{1}{2} + \dfrac{2}{3} =$ _____   c) $-\dfrac{1}{2} \cdot \dfrac{2}{3} =$ _____

   b) $\dfrac{1}{2} - (-\dfrac{2}{3}) =$ _____   d) $(-\dfrac{1}{2}) : (-\dfrac{2}{3}) =$ _____

Z. Setze in die leeren Felder Zahlen und Terme so ein, dass eine vollstän-
   dige richtig ausgefüllte Tabelle entsteht!

a	−7	−3	12	0	4	−6
	70				−40	
		3			10	

1. Berechne!

   a) 7,0 % von 170 sind _____   c) 1,1 % von 11 m sind _____

   b) 1,5 % von 800 € sind _____   d) 2,0 % von 61 kg sind _____

2. Ermittle die fehlenden Angaben! Rechne im Kopf!

100 %	25 %	10 %	250 %	20 %	3 %	
		30 dt				200 dt

3. Ergänze!

   a) 16 von 80 sind _____ %   c) 7 von 1750 sind _____ %

   b) 81 % von 720 sind _____ %   d) 568 von 710 sind _____ %

4. Frau Grams verdient monatlich 1100 €. Sie erhält eine Lohnerhöhung. Sie kann wählen, ob sie 2,5 % mehr Lohn oder 25 € monatlich mehr haben möchte. Was ist für sie günstiger? Begründe!

   _____

   _____

5. Im Folgenden sind die Zinsen ausgewiesen, die bei einem Zinssatz von 3 % auf ein (im Laufe des Jahres unverändertes) Guthaben fällig werden. Gib die jeweiligen Guthaben an!

Guthaben in Euro				
Zinsen in Euro	21	35,10	326,40	27,27

Z. Am ersten Tag einer Klassenfahrt gab Olaf schon 45 % seines mitgenommenen Taschengeldes aus. Er hatte danach noch 44 € übrig. Wie viel Geld hatte Olaf mitgenommen?

   _____

1. Ein Rechteck ist 7,5 cm lang und 10,0 cm breit.

    a) Berechne den Flächeninhalt A dieses Rechtecks!

    b) Berechne den Umfang u dieses Rechtecks!

    c) Berechne die Länge d der Diagonale dieses Rechtecks!

2. Berechne den Umfang u und den Flächeninhalt A des Dreiecks ABC!

    u = _____

    A = _____

    Dreieck ABC: b = 14,0 cm, h = 11,2 cm, a = 13,0 cm, c = 15,0 cm

3. Ein gleichseitiges Dreieck habe die Seitenlänge a = 3,0 cm.

    a) Konstruiere ein solches Dreieck!
       Zeichne eine Höhe ein!

    b) Berechne die Länge h einer Höhe!

    c) Berechne den Flächeninhalt des Dreiecks!

4. Es seien r der Radius, u der Umfang und A der Flächeninhalt eines Kreises. Vervollständige die Angaben in der Tabelle!

r	36,0 mm			
u		36,0 mm	36π mm	
A				36π mm^2

Die Abbildung zeigt einen Quader im Schräg-bild. Die folgenden Aufgaben beziehen sich auf einen Quader ABCDEFGH mit $\overline{AB}$ = a = 6 cm, $\overline{BC}$ = b = 3 cm und $\overline{BF}$ = c = 2 cm.

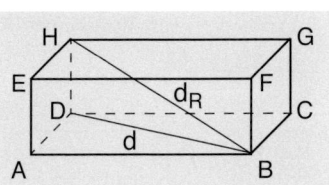

1. Zeichne das Schrägbild dieses Quaders!

2. Berechne sein Volumen V_1!

_____

3. Berechne den Oberflächeninhalt A_O dieses Quaders!

_____

4. Berechne die Länge d = $\overline{BD}$ der Diagonale der Grundfläche!

_____

5. Berechne die Länge d_R = $\overline{HB}$ der Raumdiagonale!

_____

6. Wie lang müsste die Kante eines Würfels sein, der das gleiche Volumen hat wie der gegebene Quader?

_____

Z. Bei einem zweiten Quader mit dem Volumen V_2 seien alle Kanten halb so lang wie bei dem gegebenen Quader. Wie viel Prozent beträgt V_2 von V_1?

_____

1. Wandle in die angegebene Einheit um!

   a) 70 cm^3 = _____ mm^3 d) 800 dm^3 = _____ m^3

   b) 45 m^3 = _____ dm^3 e) 50 Liter = _____ ml

   c) 95 dm^3 = _____ Liter f) 80 Liter = _____ hl

2. Die folgenden Angaben beziehen sich auf Prismen. Ergänze die fehlenden Werte in der Tabelle!

Grundfläche	350 cm^2	400 cm^2		
Höhe	12 cm		7,5 cm	25 cm
Volumen		6000 cm^3	3000 cm^3	1 m^3

3. Es seien a die Grundkante, h die Höhe einer quadratischen Pyramide.

   a) Berechne das Volumen, wenn a = 5,0 cm und h = 6,0 cm gilt!

   _____

   b) Stelle die Volumenformel $V = \frac{1}{3}a^2h$ nach a um!

   _____

   c) Berechne die Länge a der Grundkante, wenn das Volumen $V = 15,625 \text{ cm}^3$ und die Höhe h = 7,5 cm beträgt!

   _____

4. Vervollständige die Abbildung zum Schrägbild eines geraden Prismas!

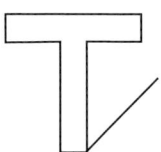

5. Jemand hat 100 gleich große Würfel mit je einer Kantenlänge von 10 cm zur Verfügung. Welches Volumen hat der größte Würfel, den er aus solchen Teilen zusammensetzen kann?

   _____

   _____

1. Trage hinter die Begriffe die zugehörigen Buchstaben ein!

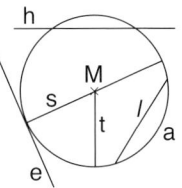

Radius _____ ;   Sehne _____

Sekante _____ ;   Tangente _____

Bogen _____ ; Durchmesser _____

2. Vervollständige die nebenstehende Figur zu einem Dreieck ABC mit $\overline{BC}$ = 2,5 cm und ∢ BCA = 90°!

3. Ermittle die gesuchten Winkelgrößen! (Abbildungen nicht maßstäblich)

a)

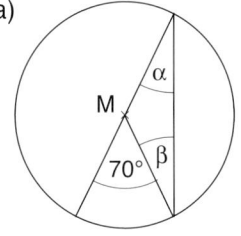

b)

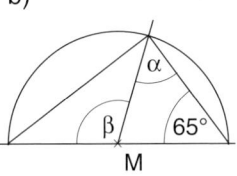

c)

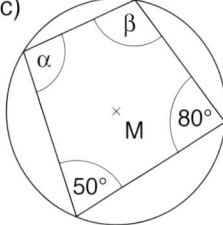

α = _____ β = _____   α = _____ β = _____   α = _____ β = _____

4. Konstruiere die Tangenten an den Kreis um M in P und durch Q!

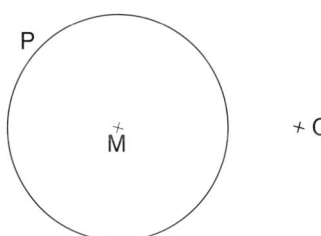

Z. Wie groß ist der Radius r_2 eines Kreises, dessen Fläche doppelt so groß ist wie die eines Kreises mit dem Radius r_1 = 1 cm?

_____

1. Führe den angegebenen Umformungsschritt aus!

   a) $3x + 6 = 18$ $\quad |-6$

   c) $4 < 7x - 3$ $\quad |+3$

   _____

   _____

   b) $\dfrac{x}{2} - 3 = 2{,}5$ $\quad |\cdot 2$

   d) $-5x < 20$ $\quad |:(-5)$

   _____

   _____

2. Löse folgende Gleichungen und führe die Probe durch!

   a) $5x - 17 = 2x + 1$

   c) $4x + 5x - 6x = 1{,}8$

   _____

   _____

   _____

   _____

   b) $\dfrac{x}{4} - \dfrac{x}{6} = 5$

   d) $4 \cdot (3x + 1) = 18x + 3$

   _____

   _____

   _____

   _____

3. Löse die folgenden Gleichungen!

   a) $2x + 2 = 16$

   c) $x^2 = 16$

   _____

   _____

   b) $\dfrac{x}{2} - 2 = 16$

   d) $2^x = 16$

   _____

   _____

4. Ermittle alle natürlichen Zahlen n, die die folgende Ungleichung erfüllen!

   $3n > 7n - 20$ $\quad \Rightarrow$ _____

   _____

Z. In einem Dreieck ist der Winkel α viermal so groß wie der Winkel β. Der Winkel γ ist so groß wie die beiden anderen Winkel zusammen. Um was für ein Dreieck handelt es sich?

_____

_____

_____

_____

Vermischte Übungen
Wiederholung aus den Klassenstufen 5 bis 9

1. Setze $a = -3$ und berechne die Termwerte!

   a) $a + 7 =$ _____

   b) $4a - 2 =$ _____

   c) $-(-8a) =$ _____

   d) $1 : (-a) =$ _____

   e) $-a : (-6) =$ _____

   f) $a^2 : 9 =$ _____

2. Vereinfache!

   a) $5m - m + 6m =$ _____

   b) $9f \cdot 2 \cdot (-3f) =$ _____

   c) $\dfrac{26x^3}{13x} =$ _____

   d) $5a^2 - a \cdot 4a =$ _____

   e) $r \cdot r - r : r =$ _____

   f) $6a^6 : 3a^3 =$ _____

3. Löse die Klammern auf und fasse zusammen!

   a) $7z + (8 - 3z) =$

   b) $9y - (4y + 3) + 4 =$

   c) $8 \cdot (9x - 3) + 5^2 =$

   d) $(12x^2 - 36xy) : 12x =$

4. Berechne unter Benutzung der binomischen Formeln!

   a) $(8x - 2) \cdot (8x + 2) =$

   b) $(3a - 4b)^2 =$

   c) $\dfrac{25r^2 - 36}{5r + 6} =$

   d) $\dfrac{a^2 + 4ab + 4b^2}{a + 2b} =$

5. Klammere aus!

   a) $28ab - 35ac = 7a \cdot$

   b) $30m^2 - 20m + 10 = 10 \cdot$

   c) $-6x^3 - 3x^2 = -3x^2 \cdot$

   d) $\dfrac{1}{2}mn - \dfrac{3}{2}mp = \dfrac{1}{2}m \cdot$

Z. Vereinfache den folgenden Term!

$\dfrac{18x^2 - 50y^2}{9x + 15y} =$

1. Berechne die Potenzwerte!

   a) $(-9)^2 =$ _____   c) $9^{-1} =$ _____   e) $9^{\frac{1}{2}} =$ _____

   b) $9^0 =$ _____   d) $(-9)^{-1} =$ _____   f) $9^{-2} =$ _____

2. Setze die richtigen Exponenten ein!

   a) $2^{\bigcirc} = 16$ c) $10^{\bigcirc} = 10\,000$ e) $4^{\bigcirc} = 0{,}25$

   b) $3^{\bigcirc} = 27$ d) $25^{\bigcirc} = 5$ f) $2^{\bigcirc} = -8$

3. Berechne!

   a) $\sqrt{49} =$ _____   c) $\sqrt{\dfrac{32}{2}} =$ _____   e) $\sqrt{-25} =$ _____

   b) $\sqrt{0{,}36} =$ _____   d) $\sqrt{0{,}09} =$ _____   f) $\sqrt{2\tfrac{1}{4}} =$ _____

4. Vereinfache und berechne die Termwerte!

   a) $2^5 \cdot 2^2 =$ _____   d) $5^4 \cdot 2^4 =$ _____

   b) $4^8 : 4^6 =$ _____   e) $20^6 : 10^6 =$ _____

   c) $(2^2)^3 =$ _____   f) $(\tfrac{1}{8})^{10} \cdot 8^{10} =$ _____

5. Ordne nach der Größe!

   $e = 7^2;\quad z = 2^7;\quad n = 72;\quad t = 27;\quad p = (-2)^7;\quad o = -7^2$

   _____ < _____ < _____ < 7^2 < _____ < _____

   _____ < _____ < _____ < e < _____ < _____

Z. Mathias behauptet, er könne mit drei Zweien eine Zahl schreiben, die größer als eine Million ist. Der Junge lügt doch! Oder?

   _____

   _____

1. Stelle die Gleichungen so um, dass sie die Form $y = mx + n$ haben!

   a) $5y = 10x - 15$ _____

   b) $4x = -2y + 3$ _____

   c) $2x - 4y + 6 = 0$ _____

2. Gegeben sind die Funktionen

   f_1: $y = \frac{1}{2}x - 2$; f_2: $y = -2x + 3$

   a) Zeichne die Graphen beider Funktionen!

   b) Gib die Koordinaten des Schnittpunktes beider Graphen an!

   S(___ ; ___)

   c) Überprüfe das Ergebnis von b) rechnerisch!

   _____

   _____

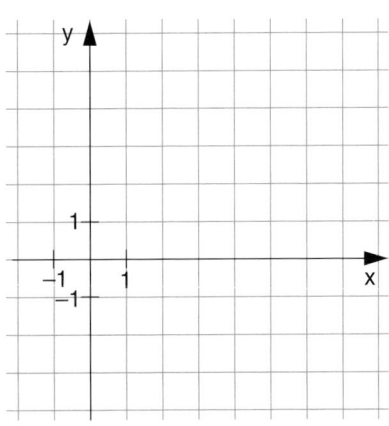

3. Gib die Nullstellen folgender Funktionen an!

   a) $2x + 3y = 6$ _____

   b) $y = -x + 2,5$ _____

   c) $y = 4x - 2$ _____

4. Gegeben sind die Funktionen

   f_1: $y = 2x - 3$; f_2: $y = 1,5x - 3$; f_3: $y = 2x$; f_4: $y = -\frac{1}{2}x + 1$

   Ergänze!

   a) Die Graphen von ___ und ___ sind parallel zueinander.

   b) Die Graphen von ___ und ___ schneiden die y-Achse im gleichen Punkt.

   c) Der Graph von ___ geht durch den Koordinatenursprung.

   d) Die Funktionen ___ und ___ haben die gleiche Nullstelle.

   f_1: $x_0 =$ _____ f_2: $x_0 =$ _____ f_3: $x_0 =$ _____ f_4: x_0 _____

1. Mehrfache Drehungen eines Strahls um seinen Anfangspunkt führen auf Winkelgrößen über 360°. Gib jeweils die Größe folgender Winkel an!

   a) eine volle Drehung und dann noch 40° _____

   b) vier volle Drehungen _____

   c) zwei volle Drehungen und dann noch 50° _____

   d) drei volle Drehungen und dann noch 10° _____

2. Gib die Winkelgrößen an! a) 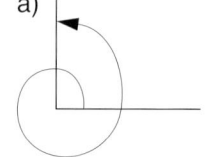 b)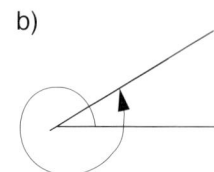

3. Winkel, die sich um ganzzahlige Vielfache von 360° unterscheiden, heißen zueinander äquivalent. Gib jeweils den Winkel an, der zum gegebenen Winkel äquivalent ist und zwischen 0° und 360° liegt!

   a) $365° \cong$ _____   b) $410° \cong$ _____   c) $734° \cong$ _____   d) $374° \cong$ _____

4. Zu jedem der folgenden Winkel gibt es in der Menge M einen Winkel, der zu ihm äquivalent ist. Gib diese Paare vollständig an!

   a) $-300°$; _____   d) $-35°$; _____

   b) $-270°$; _____   e) $-360°$; _____

   c) $-180°$; _____   f) $-900°$; _____

5. Gib die Größe dreier Winkel an, die zu $\beta = 450°$ äquivalent sind!

   z.B. _____

Z. Trage auf der Geraden drei Winkel ein, die zu α_1 äquivalent sind! Nenne sie α_2, α_3 und α_4!

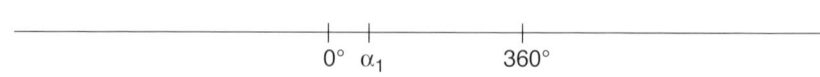

Die Größe von Winkeln kann außer im Gradmaß (z. B. $\alpha = 90°$) auch im Bogenmaß ($\widehat{\alpha}$ oder arc α) angegeben werden.

Dabei besteht folgender Zusammenhang: $\quad$ arc $\alpha = \dfrac{\pi}{180°} \cdot \alpha$

1. Vervollständige die folgenden Angaben!
   Drücke arc α als Vielfaches von π aus!

α	0°	360°	180°	45°	60°	36°	120°		135°	
arc α			π					$\dfrac{\pi}{2}$		$\dfrac{\pi}{6}$

2. Gib folgende Winkelgrößen im Bogenmaß auf zwei Dezimalstellen an!

   a) $1° \cong$ _____ $\qquad$ c) $5° \cong$ _____ $\qquad$ e) $44° \cong$ _____

   b) $2° \cong$ _____ $\qquad$ d) $30° \cong$ _____ $\qquad$ f) $181° \cong$ _____

3. Gib folgende Vielfache von π als Dezimalbrüche auf zwei Dezimalstellen an!

$\dfrac{\pi}{2}$	$\dfrac{\pi}{3}$	$\dfrac{\pi}{4}$	$\dfrac{\pi}{5}$	$\dfrac{\pi}{10}$	$\dfrac{2\pi}{3}$	$\dfrac{3\pi}{4}$	$\dfrac{3\pi}{2}$	$\dfrac{5\pi}{2}$

4. Stelle die Formel arc $\alpha = \dfrac{\pi}{180°} \cdot \alpha$ nach α um! _____

   _____

5. Gib den Winkel β jeweils auf eine Stelle nach den Komma gerundet im Gradmaß an!

   a) arc $\beta = 1$; $\quad \beta =$ _____ $\qquad$ c) arc $\beta = 3{,}14$ $\quad \beta =$ _____

   b) arc $\beta = 2$; $\quad \beta =$ _____ $\qquad$ d) arc $\beta = 10$ $\quad \beta =$ _____

Z. Trage die fehlenden Größen ein!

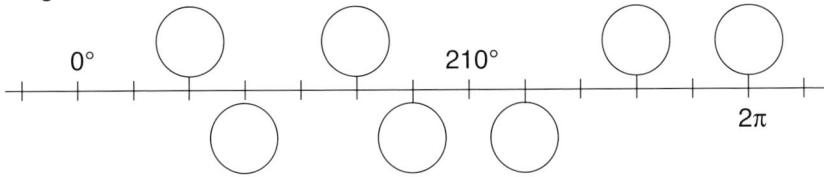

1. Ermittle aus Messwerten:

   a) $\dfrac{\overline{PQ}}{\overline{OP}} = \sin \alpha$ für $\alpha = 50°$

   z.B. $\sin 50° = \dfrac{3,9}{5,1} = 0,76$

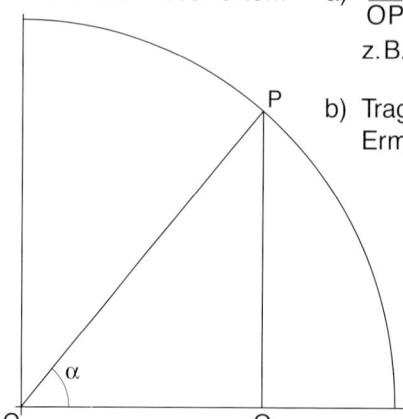

   b) Trage die Winkel $\beta = 20°$ und $\gamma = 60°$ ein! Ermittle entsprechend:

   $\sin 20° = $ _____

   $= $ _____

   $\sin 60° = $ _____

   $= $ _____

2. Berechne die Funktionswerte der Sinusfunktionen! Runde die errechneten Werte auf vier Dezimalstellen!

α	20°	35°	75°	105°	120°	145°	160°
$\sin \alpha$							

3. In der Tabelle gelte $0° \leq \alpha \leq 90°$. Berechne die Winkelgrößen und gib sie auf eine Stelle nach dem Komma an!

$\sin \alpha$	0	0,2588	0,4	0,65	1	1,2	$\frac{1}{2}\sqrt{2}$
α							

4. Ermittle die folgenden Werte auf vier Stellen nach dem Komma!

   a) $\sin \dfrac{\pi}{2} = $ _____

   b) $\sin \dfrac{\pi}{5} = $ _____

   c) $\sin \dfrac{\pi}{3} = $ _____

Z. Es soll gezeigt werden, dass $\sin 30° = 0,5$ ist. Ergänze den Beweis unter Nutzung nebenstehender Abbildung!

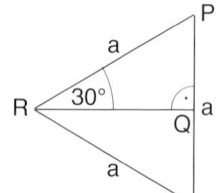

   (1) $\overline{PQ} = $ _____ $\cdot a$

   (2) $\sin 30° = \dfrac{\overline{PQ}}{a} = \dfrac{}{a} = $ _____

1. Ermittle auf vier Dezimalstellen!

a) $\sin 36{,}9° =$ _____   f) $\tan 162{,}4° =$ _____

b) $\sin 136{,}9° =$ _____   g) $\sin 65{,}0° =$ _____

c) $\cos 48{,}2°=$ _____   h) $\cos 65{,}0° =$ _____

d) $\cos 148{,}2° =$ _____   i) $\tan 65{,}0° =$ _____

e) $\tan 62{,}4° =$ _____   j) $\sin 56{,}0° =$ _____

2. Gib alle Winkel im Intervall [0°; 360°] an, die folgende Funktionswerte haben! Runde die Ergebnisse auf eine Dezimalstelle!

a) $\sin \alpha = 0{,}8192;$ $\alpha_1 = 55{,}0°;$ $\alpha_2 =$ _____

b) $\sin \beta = -0{,}8192;$ _____

c) $\sin \gamma = \frac{1}{2}\sqrt{3};$ _____

d) $\sin \delta = -\frac{1}{2}\sqrt{3};$ _____

3. Gib alle Winkel von 0° bis 360° an, deren Funktionswert 0 ist!

a) $\sin \alpha = 0;$ _____

b) $\cos \alpha = 0;$ _____

c) $\tan \alpha = 0;$ _____

4. Ermittle die Funktionswerte!

a) $\sin 45° =$ c) $\cos 38{,}17° =$
   _____   _____

b) $\cos 45° =$ d) $\tan 38{,}17° =$
   _____   _____

Z. Berechne die Größe des Winkels α!

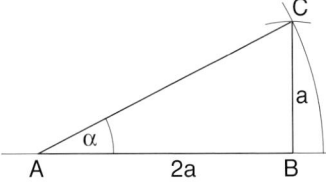

_____

_____

_____

_____

Trigonometrie – Winkelfunktionen
Grafische Darstellung der Sinusfunktion

1. Ermittle die folgenden Funktionswerte auf vier Dezimalstellen!

   a) $\sin 40° = $ _____

   b) $2 \cdot \sin 40° = $ _____

   c) $\frac{1}{2} \cdot \sin 40° = $ _____

   d) $\sin (2 \cdot 40°) = $ _____

   e) $\sin (\frac{1}{2} \cdot 40°) = $ _____

   f) $(\sin 40°)^2 = $ _____

2. Ergänze die fehlenden Angaben in der Tabelle!

x	$\frac{1}{3}\pi$	$\frac{1}{2}\pi$	$\frac{2}{3}\pi$	π	$\frac{4}{3}\pi$	$\frac{3}{2}\pi$	$\frac{5}{3}\pi$	2π
sin x								
2 · sin x								

3. Zeichne die Graphen der folgenden Funktionen in das Koordinatensystem!

   f_1: $y = \sin x$

   f_2: $y = 2\sin x$

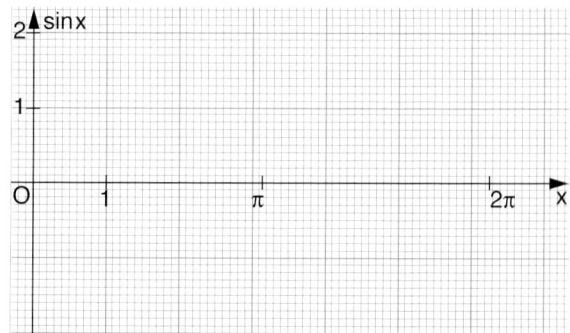

4. Im Koordinatensystem sind zwei Funktionen dargestellt. Gib jeweils eine Funktionsgleichung an!

   f_1: $y = $ _____

   f_2: $y = $ _____

Z. Die Abbildung soll den Graphen der Funktion $y = 3 \cdot \sin \frac{1}{2}x$ zeigen. Beschrifte die Achsen!

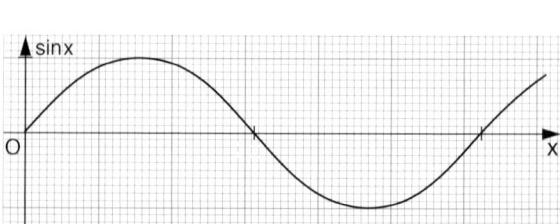

Trigonometrie – Winkelfunktionen
Winkelfunktionen am rechtwinkligen Dreieck

1. Vervollständige den Text!

a)

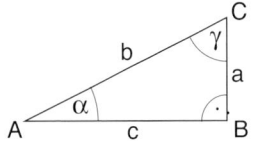

Im Dreieck ABC ist ___ die
Hypotenuse, ___ ist die Gegen-
kathete von α und ___ die
Ankathete von α.

b)

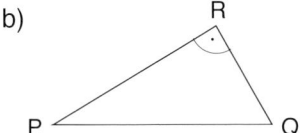

Im Dreieck PQR ist $\overline{PQ}$ die
_____, $\overline{PR}$ ist _____
von ∢RPQ und _____
von ∢PQR.

2. Ergänze die Angaben!

a)

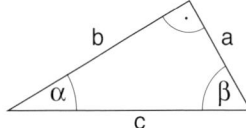

$\sin \alpha = \underline{\quad}$; $\cos \beta = \underline{\quad}$; $\cos \alpha = \underline{\quad}$

b)

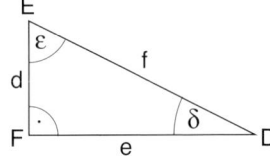

$\dfrac{d}{f} = \underline{\quad} \delta$; $\dfrac{d}{f} = \underline{\quad} \varepsilon$; $d^2 + e^2 = \underline{\quad}$

3. Stelle die Gleichungen nach x um!

a) $\sin \alpha = \dfrac{x}{s}$ _____

b) $\cos \alpha = \dfrac{a}{x}$ _____

c) $\alpha + x = 90°$ _____

d) $a^2 + x^2 = c^2$ _____

Z. Drücke die Beziehungen zwischen den angegebenen Größen jeweils durch eine Gleichung aus!

a) α; b; d   b) β; a; h   c) α; b; q

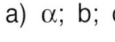
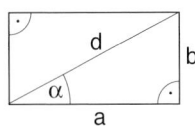
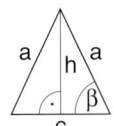

_____   _____   _____

1. Vervollständige die Gleichungen!

a)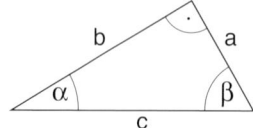

b)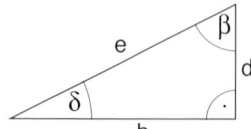

$\sin \alpha =$ _____ $\cos \beta =$ _____

$\tan \delta =$ _____   _____ $= \dfrac{b}{e}$

_____ $= \dfrac{a}{b}$ $a^2 + b^2 =$ _____

$\cos \beta =$ _____ $b^2 = e^2$ _____

2.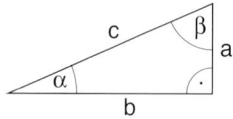

Berechne aus den gegebenen Stücken die Größe des Winkels α!

a) $\beta = 47°$ _____

b) $a = 3,5$ cm _____

$c = 4,0$ cm _____

c) $a = 2,6$ cm _____

$b = 14,7$ cm _____

d) $b = 7,0$ cm _____

$c = 7,7$ cm _____

3. Stelle den Zusammenhang zwischen den genannten Größen durch eine Gleichung dar!

a) ε; d; f _____

b) δ; ε _____

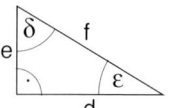

c) d; e; δ _____

d) d; e; f _____

4. a) Zeichne ein rechtwinkliges Dreieck ABC mit $a = 2,1$ cm; $b = 2,8$ cm und $\gamma = 90°$!

b) Ermittle die folgenden Größen durch Messung!

$\alpha =$ ____ ; $\beta =$ ____ ; $c =$ _____

c) Berechne die Größen!

α: _____

β: _____

c: _____

Trigonometrie –Winkelfunktionen
Anwendung der Winkelfunktionen auf verschiedene Figuren

1. Für ein Rechteck gelte a = 3,5 cm und b = 1,2 cm.

   a) Berechne die Winkel α und β
      zwischen den Diagonalen und
      den Seiten!

      _____

      _____

   b) Berechne die Winkel γ und δ zwischen den Diagonalen!

      _____

   c) Berechne die Länge der Diagonalen!

      _____

2. Die Grundfläche eines Kegels
   habe einen Radius von 3,0 m.
   Der Böschungswinkel
   betrage 38,0°.

   a) Zeichne den Aufriss
      dieses Kegels in
      einem geeigneten
      Maßstab!

   b) Berechne die Höhe h des Kegels!

      _____

3. Eine 12,0 m lange Rampe gleicht einen Höhenunterschied von 1,5 m aus.

   a) Berechne den Anstiegswinkel α!   _____

   b) Wie viel Prozent beträgt die Steigung?   _____

4. Ein gleichschenkliges Dreieck hat eine Basis c = 3,2 cm und
   Basiswinkel $\alpha = \beta = 75,5°$. Berechne den Umfang dieses Dreiecks!

   _____

1. Drücke die Beziehung zwischen den folgenden Größen unter Verwendung des Sinussatzes durch eine Gleichung aus! Stelle die Gleichungen nach der gesuchten Größe um!

   a) geg.: b; α; β,   ges.: a _____

   b) geg.: b; c; β,   ges.: γ _____

   c) geg.: a; b; c; α, ges.: β _____

2. Von einem Dreieck ABC sind gegeben:
   a = 4,5 cm; c = 3,2 cm; α = 37,0°

   a) Konstruiere das Dreieck ABC!

   b) Miss die Größen der Winkel β und γ!

   β = _____ ; γ = _____

   c) Berechne die Größen
   der Winkel β und γ!

   _____

   _____

3. Im Dreieck ABC sei bekannt:
   c = 5,3 cm; α = 50°; β = 60°

   a) Konstruiere ein solches Dreieck!

   b) Miss die Seitenlängen a und b!

   a ≈ _____ ; b ≈ _____

   c) Berechne die Größe des
   dritten Winkels γ!

   γ = _____

   d) Berechne die Länge der Seite a!

   _____

4. a) Vervollständige zu einer wahren Aussage! $\dfrac{\sin\alpha}{\sin\gamma} = $ _____

   b) Wie vereinfacht sich die Gleichung aus Aufgabe a), wenn γ ein rechter Winkel ist? Es gilt dann:

   _____

Trigonometrie –Winkelfunktionen
Anwendungen des Kosinussatzes

1. Nach dem Kosinussatz gilt: $\cos\alpha = \dfrac{b^2 + c^2 - a^2}{2bc}$

    Ergänze entsprechend!

    $\cos\beta =$ _____ ; $\cos\gamma =$ _____

2. Berechne mithilfe des Kosinissatzes die Größe der Innenwinkel eines Dreiecks ABC mit a = 7,0 cm; b = 9,0 cm und c = 10,0 cm!

    _____

    _____

3. Berechne die Längen der Seite c folgender Dreiecke!

    a)
    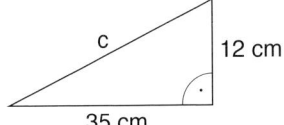

    b)
    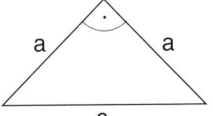

    _____   _____

    _____   _____

4. Von einem Dreieck ABC sind bekannt:
    b = 8,0 cm; c = 6,0 cm; α = 50,0°

    a) Konstruiere ein solches Dreieck im Maßstab 1 : 2!

    b) Berechne die Länge der Seite a!

    _____

    _____

    _____

    _____

Z. Welchen Satz erhält man aus der Gleichung $c^2 = a^2 + b^2 - 2ab \cdot \cos\gamma$ für den Fall, dass γ ein rechter Winkel ist?

    _____

1. Berechne den Flächeninhalt folgender Figuren!

a)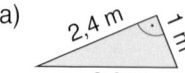

_____

_____

b)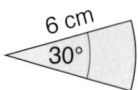

_____

_____

_____

c)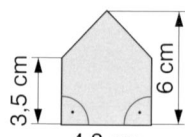

_____

_____

2. Berechne den Flächeninhalt folgender Dreiecke!

a) $\triangle ABC$: $a = 4{,}7$ cm; $c = 8{,}3$ cm; $\beta = 48{,}9°$

_____

b) $\triangle ABC$: $a = 4{,}0$ cm; $b = 9{,}1$ cm; $\gamma = 73{,}0°$

_____

c) $\triangle ABC$: $b = 6{,}5$ cm; $c = 5{,}6$ cm; $\alpha = 107{,}0°$

_____

3. Wie groß sind die Flächeninhalte der folgenden Figuren?

a) Parallelogramm

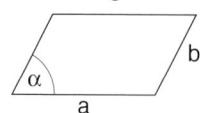

$a = 12$ cm
$b = 8$ cm
$\alpha = 72°$

b) (gleichseitiges) Dreieck

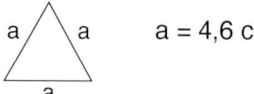

$a = 4{,}6$ cm

_____   _____

_____   _____

Z. a) Stelle die Gleichung $\dfrac{a \cdot b}{2} = \dfrac{c \cdot h}{2}$
   nach h um!

_____

b) Ein rechtwinkliges Dreieck hat Katheten der Länge 3 cm und 4 cm.
   Wie lang ist die Höhe zur Hypotenuse?

_____

Trigonometrie –Winkelfunktionen
Vermischte Aufgaben

1. Ermittle auf vier Dezimalstellen!

   a) $2 \cdot \sin 60° = $ _____

   b) $\sin(2 \cdot 60°) = $ _____

   c) $0,5 \cdot \tan 60° = $ _____

   d) $\tan(0,5 \cdot 60°) = $ _____

2. Ermittle zu den Funktionswerten alle Winkel im Intervall $[0°; 360°]$!

   a) $\sin \alpha = 0,6428;$ $\alpha_1 = 40,0°;$ $\alpha_2 = $ _____

   b) $\cos \beta = 0,8192;$ _____

   c) $\tan \gamma = 0,9770;$ _____

   d) $\cos \delta = -0,7193;$ _____

3. Fünf der folgenden Angaben haben den gleichen Funktionswert. Finde
   (ohne Benutzung eines Taschenrechners) heraus, welche das sind! Gib
   die Funktionswerte der übrigen beiden an!

   a) $\sin 20,5°$ c) $\cos 69,5°$ e) $\sin 200,5°$ g) $\cos 290,5°$

   b) $\cos 110,5°$ d) $\sin 380,5°$ f) $\sin 159,5°$

   _____

   _____

   _____

4. Im Folgenden sind Funktionswerte der Sinus- und der Tangesfunktion für
   Winkel zwischen $0°$ und $90°$ angegeben. Gib Funktion und Winkelgröße
   wie bei Aufgabe a) an!

   a) $\dfrac{1}{2} = \sin 30°$ c) $\dfrac{1}{2}\sqrt{3} = $ _____   e) $\sqrt{3} = $ _____

   b) $1 = $ _____   d) $\dfrac{1}{3}\sqrt{3} = $ _____   f) $\dfrac{1}{2}\sqrt{2} = $ _____

Z. Zwischen den Funktionswerten eines spitzen Winkels α bestehen fol-
   gende Beziehungen: (1) $\sin^2 \alpha + \cos^2 \alpha = 1$ (2) $\dfrac{\sin \alpha}{\cos \alpha} = \tan \alpha$

   a) Es sei $\sin \alpha = 0,6$. Berechne $\cos \alpha$ und $\tan \alpha$!

   _____

   b) Prüfe dein Ergebnis mithilfe des Taschenrechners!

   _____

1. Zur Lösung der folgenden Aufgaben können folgende Zusammenhänge verwenden werden:
Sinus, Kosinus, Tangens, Sinussatz, Kosinussatz, Satz von Pythagoras.
Gib zu jedem Beispiel an, was du benutzen würdest und schreibe einen möglichen Ansatz auf! Vergleiche bei a)!

	gegeben	gesucht	Lösungsansatz	
a)	a; c; γ	α	Sinussatz	$\dfrac{\sin\alpha}{\sin\gamma} = \dfrac{a}{c}$
b)	a; c; β	b		
c)	c; α; $\beta = 90°$	a		
d)	a; c; $\gamma = 90°$	b		
e)	a; b; c	α		
f)	b; α; β	a		
g)	a; $\alpha = 90°$; β	c		

2. Für die Seiten eines Dreiecks ABC gilt: $a = 3{,}9$ cm; $b = 6{,}5$ cm und $c = 5{,}2$ cm. Wie viel Grad besitzt der größte Innenwinkel?

_____

_____

_____

_____

Z. Gegeben sind die Funktionen
f_1: $y = 2x - 3$ und f_2: $y = \dfrac{1}{2}x$.

a) Stelle die beiden Funktionen f_1 und f_2 im Koordinatensystem dar!

b) Berechne ihre Anstiegswinkel α_1 und α_2!

_____

Trigonometrie –Winkelfunktionen
Vermischte Aufgaben

1. Gib die Funktionswerte auf vier Dezimalstellen an!

   a) $\sin 65° =$ _____   c) $\cos 65° =$ _____   e) $\tan 65° =$ _____

   b) $\sin 115° =$ _____   d) $\cos 115° =$ _____   f) $\tan 115° =$ _____

2. Ermittle die Winkel α im Intervall [0°; 180°], die folgende Funktionswerte haben!

   a) $\sin \alpha = 1;$ $\alpha =$ _____   d) $\cos \alpha = -1;$ _____

   b) $\cos \alpha = 1;$ _____   e) $\tan \alpha = 1;$ _____

   c) $\sin \alpha = -1;$ _____   f) $\tan \alpha = -1;$ _____

3. Berechne die Größen der Winkel an
   den Enden der geneigten Verstrebung!

   $\alpha =$ _____

   $\beta =$ _____

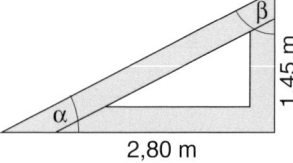

2,80 m

1,45 m

4. Berechne die Länge der Seite $\overline{AC} = b$ eines Dreiecks ABC, in dem gilt:
   $a = 4{,}7$ cm; $\alpha = 75{,}0°$; $\gamma = 40{,}0°$

   _____

   _____

5. Gib die Gleichungen der dargestellten Funktionen an!

   f_1: $y =$ _____

   f_2: $y =$ _____

Z. Die Abbildung zeigt ein Küstenwachboot in A und ein Schmuggler-   ×C
   boot in B, das in Richtung C fährt. Unter welchem Winkel
   muss das Wachboot fahren, um das Schmugglerboot
   möglichst schnell einzuholen? Das Wachboot fährt
   26 $\frac{sm}{h}$ und das Schmugglerboot 15 $\frac{sm}{h}$.

   120°

   A α B
   4,6 sm

   _____

1. a) Stelle die folgenden Funktionen im Koordinaten-
system dar!

f_1: $y = 3x - 2$

f_2: $y = -x + 4$

b) Berechne die Nullstellen!

f_1: $x_0 =$ _____ f_2: $x_0 =$ _____

c) Berechne die Koordinaten
des Schnittpunktes S beider
Graphen! S (_____)

_____

_____

_____

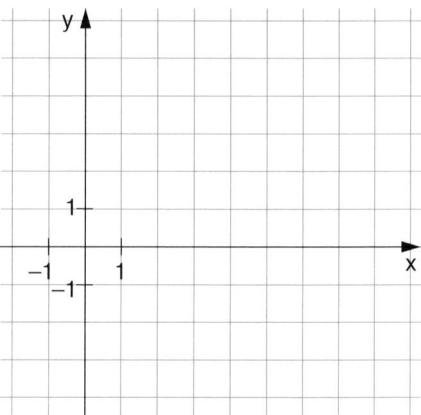

2. a) Trage die Punkte A(3; 1),
B(−6; −2) und C(0; −5) in
das Koordinatensystem ein!

b) Zeichne die Geraden
AB und AC!

c) Gib Gleichungen für
die Geraden an!

AB: $y =$ _____   AC: $y =$ _____

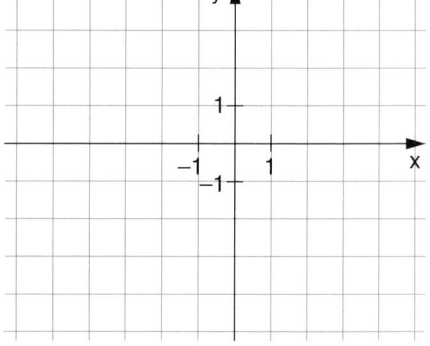

3. Ergänze die Angaben in
der Wertetabelle für die
Funktion $y = \frac{3}{4}x - 2$!

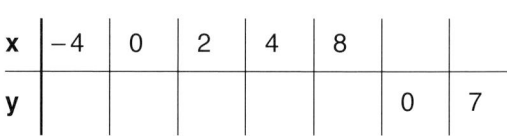

x	−4	0	2	4	8		
y						0	7

4. Auf einem Lagerplatz befinden sich 450 t Kohle. Täglich werden davon
25 t abgefahren. (Es erfolgen keine Neuanlieferungen.)

a) Stelle den Zusammenhang zwischen der Anzahl der Tage (x) und der
noch auf dem Platz befindlichen Menge an
Kohle (y) durch eine Funktionsgleichung dar! $y =$ _____

b) Gib den Definitionsbereich und den Wertebereich dieser Funktion an!

Definitionsbereich: _____   Wertebereich: _____

1. Schreibe in Normalform ($y = x^2 + px + q$)!

    a) $y = (x + 3)^2 - 8 =$ _____

    b) $y = (x - 1)^2 + 3 =$ _____

    c) $y = (x + \frac{1}{2})^2 - 6\frac{1}{4} =$ _____

2. Gegeben sind die Funktionen:

    f_1: $y = (x + 2)^2 + 1$

    f_2: $y = (x - 1)^2 - 2$

    f_3: $y = (x + 1)^2 + 2$

    a) Stelle sie im Koordinatensystem dar!

    b) Gib die Koordinaten des Punktes S an, durch den alle drei Graphen verlaufen!

    S (_____)

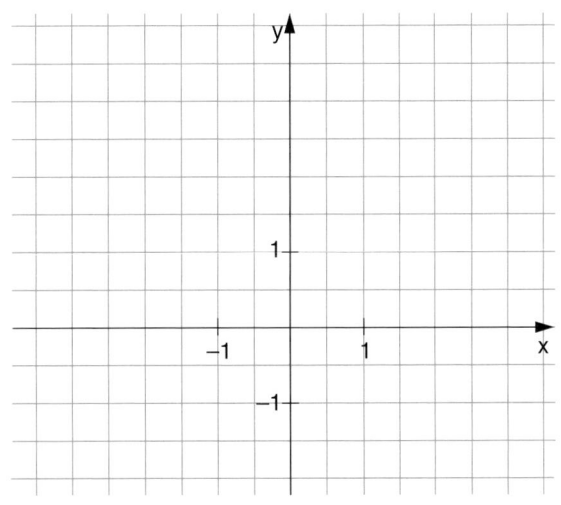

3. Berechne die Nullstellen folgender Funktionen!

    a) $y = (x - 2)^2 - 1$ b) $y = x^2 - 4x$ c) $y = x^2 - 10x + 21$

    _____   _____   _____

    _____   _____   _____

    _____   _____   _____

    _____   _____   _____

    _____   _____   _____

Z. Gib die Gleichung einer quadratischen Funktion an, die die Nullstellen $x_1 = -6$ und $x_2 = 2$ hat!

_____

1. Gegeben sind vier quadratische Funktionen. Gib zu jeder die Koordinaten des Scheitelpunktes S der entsprechenden Parabel an!

   a) $y = x^2 + 2$ S (___ ; ___)   c) $y = x^2 + 4x + 2$ S(___ ; ___)

   b) $y = x^2 - 4x + 4$ S (___ ; ___)   d) $y = x^2 - 4x + 2$ S(___ ; ___)

2. Gib die Funktions-
   gleichungen der dar-
   gestellten Funktio-
   nen in der Normal-
   form $y = x^2 + px + q$
   an!

   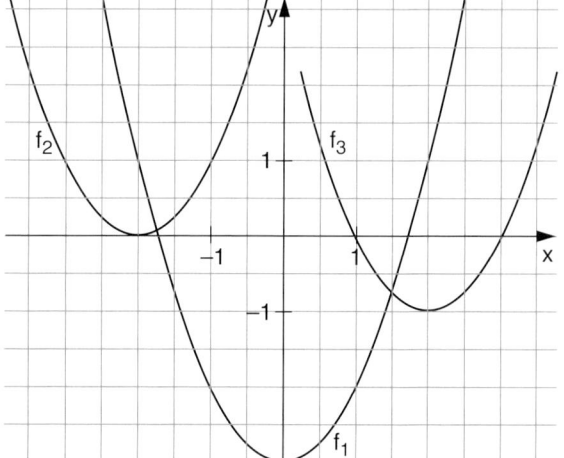

   f_1: _____

   _____

   f_2: _____

   _____

   f_3: _____

   _____

3. Gegeben ist die Funktion $y = \frac{1}{2}x^2 - 2$.

   a) Stelle eine Wertetabelle auf!

   b) Zeichne den Graphen der Funktion!

   c) Gib die Nullstellen an!

   $x_0 =$ ____ ; $x_0 =$ ____

Z. Die Graphen der Funktionen f_1: $y = x + 1$ und f_2: $y = x^2 - 6x + 11$
schneiden einander in zwei Punkten S_1 und S_2.
Gib die Koordinaten dieser Punkte an!

_____

_____

1. Die Abbildung zeigt zwei Funktionen $y = x^z$ (z ganzzahlig).

   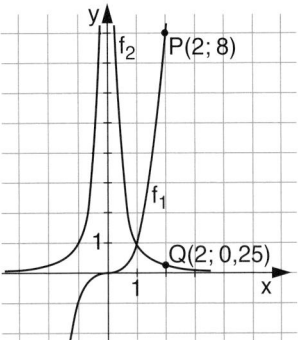

   a) Gib z an!

   f_1: _____ ; f_2: _____

   b) Gib den Definitionsbereich an!

   f_1: _____ ; f_2: _____

   c) Gib den Wertebereich an!

   f_1: _____ ; f_2: _____

2. Stelle für die Funktionen f_1: $y = x^2$ und f_2: $y = x^3$ eine Wertetabelle auf und zeichne sie im Intervall $0 \le x \le 1{,}1$!

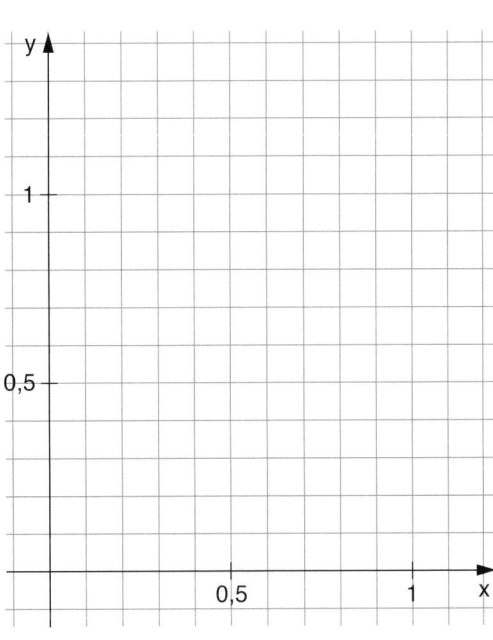

x	x^2	x^3
0		
0,4		
0,5		
0,6		
0,8		
0,9		
1		
1,1		

3. Gib die Koordinaten der Punkte an, die die Graphen aller Funktionen $y = x^z$ mit den angegebenen Werten von z (z ≠ 0) gemeinsam haben!

   a) z ist eine ganze Zahl: _____

   b) z ist eine natürliche Zahl: _____

   c) z ist eine gerade natürliche Zahl: _____

1. Berechne den Potenzwert!

   a) $8^3 =$ _____

   b) $(-8)^2 =$ _____

   c) $8^0 =$ _____

   d) $(-8)^1 =$ _____

   e) $8^{-1} =$ _____

   f) $(-8)^{-2} =$ _____

   g) $\dfrac{1}{8^{-1}} =$ _____

   h) $-8^2 =$ _____

   i) $(\frac{1}{8})^{-2} =$ _____

2. Vereinfache!

   a) $a^3 \cdot a^2 =$ _____

   b) $b^6 : b^3 =$ _____

   c) $c^5 \cdot c^{-2} =$ _____

   d) $3d^3 \cdot 3d^3 =$ _____

   e) $e^4 \cdot (\frac{2}{e})^4 =$ _____

   f) $f^4 : f^0 =$ _____

   g) $(g^4)^2 =$ _____

   h) $(h^6)^0 =$ _____

   i) $i^3 : i^{-2} =$ _____

3. Berechne im Kopf! Schreibe das Ergebnis ohne Exponent!

   a) $10^7 : 10^5 =$ _____

   b) $2^8 \cdot 2^{-5} =$ _____

   c) $(\frac{1}{2})^4 \cdot 4^4 =$ _____

   d) $2{,}5^3 \cdot 4^3 =$ _____

   e) $2^{-2} \cdot 2^{-2} =$ _____

   f) $6x^0 \cdot 0x^6 =$ _____

4. Schreibe als Potenz von 2!

   a) $16 =$ _____

   b) $64 =$ _____

   c) $\dfrac{1}{2} =$ _____

   d) $1 =$ _____

   e) $\dfrac{1}{8} =$ _____

   f) $0 =$ _____

Z. a) Setze die fehlenden Zahlen ein!

x	0	1	2	3	4	5	6
$(\frac{1}{2})^x$							

   b) Bis zu welchem Wert von x muss man die Folge fortsetzen, damit die Summe ihrer Glieder ($1 + \frac{1}{2} + \dots$) die Zahl 2 erreicht oder überschreitet?

   _____

   _____

Funktionen – Wurzeln – Logarithmen
Wurzeln

1. Ermittle im Kopf!

   a) $\sqrt{36}$ = _____

   b) $\sqrt{40000}$ = _____

   c) $\sqrt{0,04}$ = _____

   d) $\sqrt{\dfrac{49}{81}}$ = _____

   e) $\sqrt{5^2 \cdot 4^2}$ = _____

   f) $\sqrt{5^2 - 4^2}$ = _____

   g) $\sqrt{\sqrt{16}}$ = _____

   h) $\sqrt{4^3}$ = _____

   i) $\sqrt{\dfrac{18}{50}}$ = _____

2. Berechne auf drei Stellen genau!

   a) $\sqrt{57}$ = _____

   b) $\sqrt{2000}$ = _____

   c) $\sqrt{2246,76}$ = _____

   d) $\sqrt{0,5535}$ = _____

   e) $\sqrt{5,76}$ = _____

   f) $\sqrt{60000}$ = _____

3. Gegeben ist die Funktion $y = \sqrt{x}$. Der Graph dieser Funktion soll im Intervall $0 \leq x \leq 10$ gezeichnet werden.

   a) Stelle eine geeignete Wertetabelle auf!

   b) Zeichne den Graphen!

4. Ermittle folgende Wurzelwerte!

   a) $\sqrt[3]{64}$ = _____

   b) $\sqrt[4]{81}$ = _____

   c) $\sqrt[3]{6^3}$ = _____

   d) $\sqrt[5]{10^{10}}$ = _____

   e) $\sqrt{9 \cdot 10^6}$ = _____

   f) $\sqrt{4a^2 \cdot b^4}$ = _____

   g) $\sqrt{12^2}$ = _____

   h) $\sqrt{(-12)^2}$ = _____

   i) $\sqrt{-12^2}$ = _____

5. Löse die folgenden Gleichungen!

   a) $x^3 = 27$;   x = _____

   b) $x^2 = 225$;   _____

Z. Vereinfache ohne Taschenrechner!

   $\sqrt{50} + \sqrt{72} - \sqrt{2}$ = _____

   = _____

1. Berechne!

   a) $225^{\frac{1}{2}} =$ _____ b) $1000^{\frac{1}{3}} =$ _____ c) $16^{\frac{1}{4}} =$ _____

2. Ermittle x durch inhaltliche Überlegungen!

   a) $13^x = 169$; $x =$ _____ d) $10^x = 10000$; $x =$ _____

   b) $2^x = 4$; $x =$ _____ e) $1^x = 1$; _____

   c) $4^x = 0{,}25$; $x =$ _____ f) $3^x = -9$; $x =$ _____

3. Stelle nach x um!

   a) $2^x = 16$; $x = \log_2 16$ d) $25^x = 5$; $x =$ _____

   b) $2^x = 128$; $x =$ _____ e) $10^x = 1000000$; $x =$ _____

   c) $7^x = \frac{1}{7}$; $x =$ _____ f) $10^x = 0{,}1$; $x =$ _____

4. Berechne und begründe!

   a) $\log_2 8 = 3$; denn $2^3 = 8$

   b) $\log_2 64 =$ ____ denn _____

   c) $\log_3 27 =$ ____ _____

   d) $\log_2 0{,}5 =$ ____ _____

   e) $\log_{16} 4 =$ ____ _____

   f) $\lg 1000 =$ ____ _____

   g) $\lg 0{,}01 =$ ____ _____

Z. Es ist $\lg 2 = 0{,}3010$ und $\lg 3 = 0{,}4771$. Ermittle ohne Taschenrechner!

   a) $\lg 9 = \lg 3^2 = 2 \cdot \lg 3 = 2 \cdot 0{,}4771 = 0{,}9542$

   b) $\lg 4 =$ _____

   c) $\lg 6 =$ _____

   d) $\lg 1{,}5 =$ _____

   e) $\lg \sqrt{2} =$ _____

1. Klammere aus!

   a) $6a^2 + 9a =$ _____

   b) $1,1a - 2,2b =$ _____

   c) $x + \dfrac{x}{2} =$ _____

   d) $m + \dfrac{m}{100} =$ _____

2. Stelle nach x um!

   a) $3^x = 243 \quad \Rightarrow \quad x \cdot \lg 3 = \lg 243 \quad \Rightarrow x =$ _____

   b) $2,5^x = 39,06 \quad \Rightarrow$ _____

   c) $1,05^x = 2 \quad \Rightarrow$ _____

3. Gegeben ist die Funktion $y = 1,1^x$.

   a) Fülle die zu dieser Funktion gehörige Wertetabelle aus!

x	0	1	2	3	4	5	−1	−2	−3	−4	−5
y											

   b) Stelle die Funktion im Koordinatensystem dar!

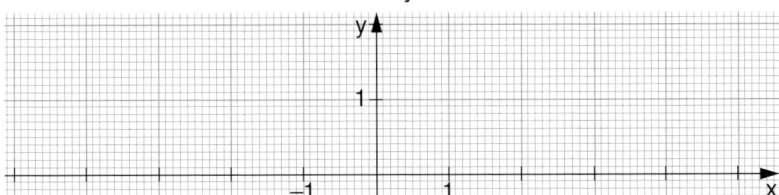

4. Ein Guthaben k wird mit 10 % jährlich verzinst.

   a) Auf das Wievielfache wächst das Guthaben in einem Jahr? Ergänze!

   $$k_n = k + \frac{k}{10} = \underline{\hspace{4cm}} = \underline{\hspace{1cm}} \cdot k$$

   Das Guthaben ist nach einem Jahr ____ mal so groß geworden.

   b) Wievielmal so groß wird es nach 2; 3; n Jahren? Ergänze!

   Nach 2 Jahren ist es ____ mal so groß, nach 3 Jahren ____ mal so groß, nach n Jahren ____ mal so groß.

   z) Nach welcher Zeit ist es doppelt so groß geworden? Setze fort!

   $$1,1^n = \underline{\hspace{1cm}} ; \underline{\hspace{4cm}}$$

   Nach __ Jahren ist es fast doppelt so groß, nach __ Jahren ist es mehr als doppelt so groß.

11. Ordne die folgenden Begriffe richtig zu!

Zylinder, Quadrat, Prisma, Pyramide, Würfel, Trapez, Rechteck, Kugel, Ellipse, Kegel

Ebenflächig begrenzte Körper (Polyeder):

_____

Krummflächig begrenzte Körper:

_____

Flächen:

_____

2. Wandle in die angegebene Einheit um!

a) $7,2$ cm^2 = _____ mm^2 d) 120 mm^3 = _____ cm^3

b) $7,2$ cm^3 = _____ mm^3 e) 8000 cm^3 = _____ Liter

c) 120 mm^2 = _____ cm^2 f) 8000 m^2 = _____ ha

3. Die Abbildung zeigt eine dreiseitige Pyramide. Gib an, wie die sechs Kanten im Grundriss erscheinen, wenn der Körper in Zweitafel-projektion abgebildet wird!

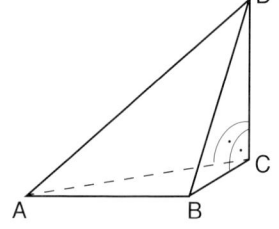

In wahrer Länge: _____

Als Punkt: _____

Als Strecke, aber verkürzt: _____

4. Gegeben sind die vier Terme: $a \cdot \sqrt{2}$; $2\pi a$; $\dfrac{a}{2}\sqrt{3}$; $a \cdot \sqrt{3}$

Setze diese Terme jeweils in das richtige Feld ein!

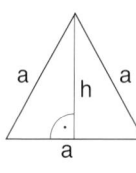
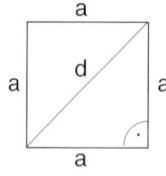
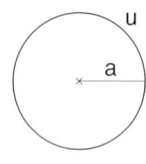
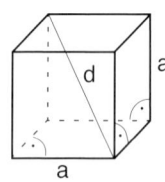

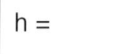
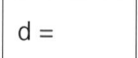
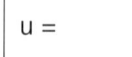

h =   d =   u =   d =

1. Ein gerades Prisma hat als Grundfläche ein gleichseitiges Dreieck mit 2,5 cm Seitenlänge. Es ist 3 cm hoch. Zeichne einen Schrägriss des Prismas, wenn es liegt.

A ⊢———————⊣ B

2. Die Abbildungen zeigen Prismen. Gib zu jedem Prisma die Form der Grundfläche (möglichst genau) an!

a) 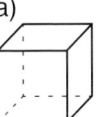 b) 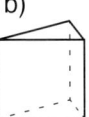 c) 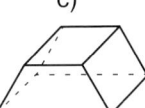 d) 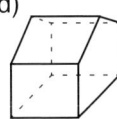 e)

_____

_____

3. Bei den Formeln zur Volumenberechnung ist einiges durcheinander geraten. Ordne richtig zu!

$V = \frac{1}{3}\pi r^2 h$ Quader   ⇔ _____

$V = a \cdot b \cdot c$ Prisma   ⇔ _____

$V = A_G \cdot h$ Pyramide   ⇔ _____

$V = \frac{1}{3} A_G \cdot h$ Kegel   ⇔ _____

$V = \pi r^2 h$ Würfel   ⇔ _____

$V = a^3$ Zylinder   ⇔ _____

4. Die Grundfläche eines Prismas sei ein rechtwinkliges Dreieck mit den Seitenlängen 21 mm, 28 mm und 35 mm. Das Prisma habe eine Höhe von 90 mm. Berechne sein Volumen!

_____

_____

1. Die nebenstehende Abbildung zeigt einen stehenden Zylinder im Zweitafelbild. Stelle diesen Zylinder liegend in gleicher Weise dar!

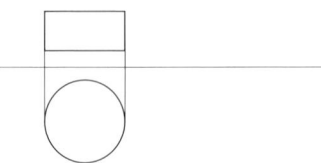

2. a) Der Durchmesser der Grundfläche eines Zylinders beträgt $d_1 = 6$ cm. Bei einem zweiten Zylinder ist der Durchmesser d_1' um 3,2 cm größer. Um wie viel Zentimeter unterscheiden sich die Umfänge der Grundflächen?

   _____

   _____

   b) Rechne wie in Aufgabe a) mit einem Durchmesser $d_2 = 50,0$ cm!

   _____

   _____

3. In der Tabelle bedeuten r Radius, h Höhe und V Volumen von Zylindern. Ermittle die fehlenden Werte!

r	5,0 cm	2,5 cm	
h	4,0 cm	16 cm	3,2 cm
V			96,8 cm^3

4. Eine runde Säule mit einem Durchmesser von 1,00 m kann von 0,90 m bis 1,90 m Höhe mit Plakaten beklebt werden. Wie groß ist die für Anschläge geeignete Fläche?

   _____

5. Eine kreisrunde Stange aus Stahl (Dichte: 7,8 $\frac{g}{cm^3}$) hat einen Radius von 1,25 cm und ist 80 cm lang. Wie schwer ist diese Stange?

   _____

   _____

   _____

1. Es seien A_G die Grundfläche, h die Höhe und V das Volumen einer Pyramide. Ergänze die fehlenden Werte! (Hinweis: $V = \frac{1}{3} A_G \cdot h$)

A_G	240 cm²	250 cm²	
h	40 cm		15 cm
V		2500 cm³	1200 cm³

2. Die Abbildung zeigt eine quadratische Pyramide im Zweitafelbild. Die Grundkante ist 3,0 cm, die Höhe beträgt 2,5 cm.

   a) Ermittle zeichnerisch die Länge s einer Seitenkante!

   _____

   _____

   _____

   b) Ermittle rechnerisch die Höhe h_D einer Seitenfläche!

   _____

   _____

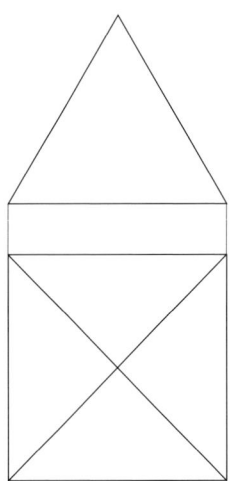

3. Wie verändert sich das Volumen einer Pyramide, wenn man sowohl die Grundfläche als auch die Höhe verdoppelt?

   _____

4. Zeichne das Schrägbild einer quadratischen Pyramide mit der Grundkante a = 4,0 cm und der Höhe h = 2,5 cm! (Hinweis: Der Fußpunkt der Höhe ist der Mittelpunkt der Grundfläche.)

1. Was haben Kegel und Pyramiden gemeinsam? Was unterscheidet Kegel von Pyramiden?

Gemeinsamkeiten	Unterschiede

2. Die Grundfläche eines Kegels hat einen Radius von r = 15,0 cm. Die Höhe des Kegels beträgt h = 4,0 cm. Gib das Volumen dieses Kegels an!

3. Für einen Kegel K_1 gilt: $r_1 = 7,5$ cm und $h_1 = 5,6$ cm.
Für einen Kegel K_2 gilt: $r_2 = 15,0$ cm und $h_2 = 1,4$ cm.
Welcher dieser Kegel hat das größere Volumen?

Z. Die (nicht maßstäbliche) Abbildung zeigt einen Kreisausschnitt. Er habe den Radius r = 4,5 cm und den Zentriwinkel $\alpha = 150°$.

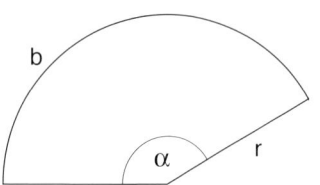

a) Berechne die Länge b des Kreisbogens!

b) Aus diesem Kreisausschnitt wird der Mantel eines Kegels hergestellt. Welchen Radius r' hat dessen Grundfläche?

Stereometrie
Kugel

1. Stelle die Formeln nach der angegebenen Größe um!

   a) $A_O = \pi d^2$; $d =$ _____

   b) $A_O = 4\pi r^2$; $r =$ _____

   c) $V = \frac{\pi}{6} d^3$; $d =$ _____

   d) $V = \frac{4}{3} \pi r^3$; $r =$ _____

2. Berechne das Volumen folgender Kugeln!

   a) $d = 6{,}0$ cm   b) $r = 0{,}3$ m

3. Berechne den Oberflächeninhalt folgender Kugeln!

   a) $d = 6{,}0$ cm   b) $r = 0{,}3$ m

4. Wie schwer sind 10000 Bleikugeln (Dichte: $\rho = 11{,}34\ \frac{g}{cm^3}$) mit einem Durchmesser von 2 mm? Wirst du sie tragen können?

Z. Die Grundfläche einer Halbkugel hat einen Flächeninhalt von 8,5 cm². Wie groß ist der gekrümmte Teil der Oberfläche dieser Halbkugel?

1. Berechne mithilfe des Taschenrechners!

   a) $\sqrt{12321}$ = _____

   c) $\sqrt[4]{1185921}$ = _____

   b) $\sqrt[3]{10{,}648}$ = _____

   d) $\sqrt[5]{1024}$ = _____

2. Berechne den Durchmesser einer Kugel aus ihrem Oberflächeninhalt!

   a) $A_O = 40{,}7 \ cm^2$

   b) $A_O = 124{,}7 \ cm^2$

   _____

   _____

   _____

   _____

3. Berechne den Durchmesser einer Kugel aus ihrem Volumen!

   a) $V = 57{,}9 \ cm^3$

   b) $V = 310{,}3 \ cm^3$

   _____

   _____

   _____

   _____

4. Ein Würfel und eine Kugel haben das gleiche Volumen $V = 125 \ cm^3$.
   Berechne ihre Oberflächeninhalte und vergleiche sie!
   (Hinweis: Berechne zunächst die Kantenlänge des Würfels und den
   Durchmesser der Kugel!)

   Würfel:

   Kugel:

   _____

   _____

   _____

   _____

   _____

Z. Die Abbildung zeigt einen Würfel und in seinem
   Innern die größtmögliche Kugel. Wie viel Prozent
   beträgt das Volumen der Kugel vom Volumen
   des Würfels?

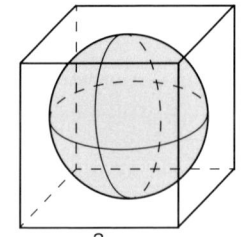

a

   _____

   _____

Die Abbildung zeigt einen (quadratischen) Pyramidenstumpf. Das Volumen eines Pyramidenstumpfes kann mit der Formel

$$V = \frac{h}{3}\left(A_G + \sqrt{A_G \cdot A_D} + A_D\right)$$

berechnet werden.

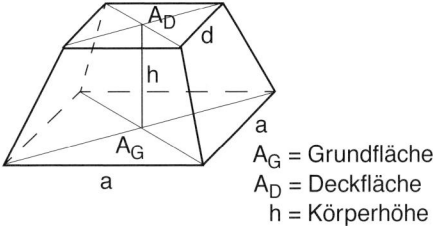

A_G = Grundfläche
A_D = Deckfläche
h = Körperhöhe

1. Berechne das Volumen eines quadratischen Pyramidenstumpfes mit folgenden Maßen!

   a) $A_G = 18{,}0 \text{ cm}^2$; $A_D = 8{,}0 \text{ cm}^2$; $h = 3{,}0 \text{ cm}$

   _____

   b) $a = 12{,}0 \text{ cm}$; $d = 8{,}0 \text{ cm}$; $h = 6{,}0 \text{ cm}$

   _____

2. a) Setze in die Volumenformel eines quadratischen Pyramidenstumpfes (siehe oben) $A_D = 0$ und vereinfache sie!
   Für welche Körper gilt die so entstandene Formel?

   _____

   _____

   b) Zeige, wie man auf ähnliche Weise aus der Volumenformel eines quadratischen Pyramidenstumpfes (siehe oben) die Volumenformel für Prismen erhält!

   _____

   _____

Z. Die Abbildung zeigt eine quadratische Pyramide. Zeichne eine Schnittfigur parallel zur Grundfläche durch die Mitte der Seitenkanten! Sie ist die Deckfläche eines Pyramidenstumpfes.
Gib das Verhältnis von Grund- und Deckfläche an!

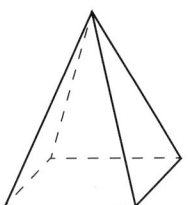

$A_G : A_D = \underline{\quad} : \underline{\quad}$

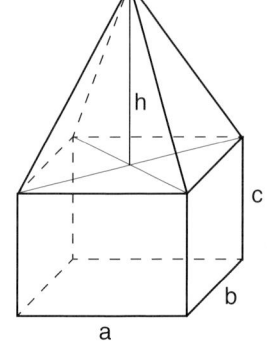

1. Auf einen Quader mit den Kanten a, b und c ist eine Pyramide mit der Höhe h aufgesetzt.

   a) Stelle zur Berechnung des Gesamt-volumens eine Formel auf und vereinfache sie nach Möglichkeit! (z. B. durch Ausklammern)

   _____

   b) Berechne das Volumen für a = 8,0 cm; b = 3,0 cm; c = 12,0 cm und h = 9,0 cm!

   _____

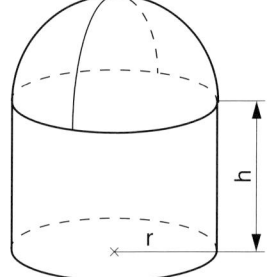

2. Der abgebildete Körper ist aus einem Zylinder (Grundkreisradius r, Höhe h) und einer Halbkugel zusammengesetzt.

   a) Stelle zur Berechnung des Gesamt-volumens eine Formel auf und vereinfache sie nach Möglichkeit!

   _____

   b) Berechne das Volumen für r = 6,0 cm und h = 21 cm!

   _____

   _____

3. Auf einen Würfel mit der Kantenlänge a_1 = 5,0 cm ist ein kleinerer Würfel mit der Kantenlänge a_2 = 3,0 cm aufgesetzt.

   a) Skizziere einen solchen Körper!

   b) Berechne die Oberfläche des zusam-mengesetzten Körpers!

   _____

   _____

   _____

Stereometrie
Vermischte Aufgaben

1. Wandle die Angaben so in eine andere Einheit, dass man sie sich besser vorstellen kann!

   a) 7400 m   =   7,4 km   f)   7200 s   = _____

   b) 0,085 km = _____   g)   0,02 a   = _____

   c) 14000 m   = _____   h) 1000000 cm^3 = _____

   d) 10000 cm^2 = _____   i)   480 min = _____

   e) 260000 mm^3 = _____   j)   23440 ct   = _____

2. Prismen sollen im Schrägbild dargestellt werden. Zeichne das Schrägbild der dargestellten Grundflächen!

   a)   b)   c)   d)

 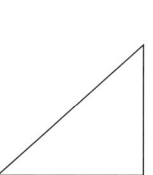 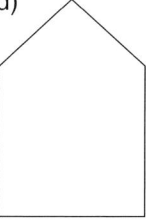

3. Entscheide, welches Volumen größer ist, das einer Kugel mit 3,0 cm Durchmesser oder das Gesamtvolumen dreier Kugeln mit je 2,0 cm Durchmesser! Begründe deine Entscheidung!

   _____

   _____

   _____

4. Gegeben ist eine quadratische Pyramide mit der Grundkante a und der Körperhöhe h. Berechne die Länge s einer Seitenkante für a = 12,0 cm und h = 3,0 cm!

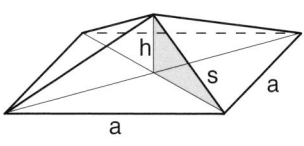

   _____

   _____

1. Ergänze die Angaben in der Tabelle!

Körper	Anzahl der		
	Kanten	Flächen	Ecken
Quader			
dreiseitiges Prisma			
sechsseitige Pyramide			

2. Ordne der Größe nach!

   0,06 hl;   8,0 Liter;   6500 cm^3;   7,3 dm^3

   _____

   _____ < _____ < _____ < _____

3. Ein (reguläres) Tetraeder ist eine dreiseitige Pyramide, deren Kanten alle gleich lang sind.

   a) Zeichne das Netz eines Tetraeders mit der Kantenlänge 2,0 cm!

   b) Berechne den Oberflächeninhalt dieses Körpers!

   a)   b) _____

                                      _____

                                      _____

Z. Aus 27 kleinen gleich großen Würfeln wird ein größerer Würfel (mit der dreifachen Kantenlänge) zusammengesetzt. Die Oberfläche dieses großen Würfels (einschließlich der Grundfläche) wird rot angestrichen. Dann wird der Würfel wieder in die 27 Teile zerlegt. Gib an, wie viele dieser Würfel keine, eine, zwei, drei und vier rote Flächen haben!

   Keine rote Fläche: ____ Würfel; genau eine rote Fläche: ____ Würfel; genau zwei rote Flächen: ____ Würfel; genau drei rote Flächen: ____ Würfel; genau vier rote Flächen: ____ Würfel.

Stereometrie
Vermischte Aufgaben

1. Ergänze die Angaben in der Tabelle!

Körper	Anzahl der			
	Kanten (K)	Flächen (F)	Ecken (E)	F + E − K
n-seitige Pyramide				
n-seitiges Prisma				

2. Berechne das Volumen des nebenstehenden Kastens, der die Form eines Prismas hat! Es sei $g = 12{,}0$ cm; $d = 20{,}0$ cm; $h_1 = 15{,}0$ cm und $h_2 = 75{,}0$ cm.

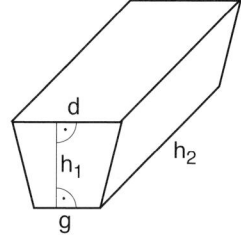

_____

_____

3. Von einem Würfel wird durch einen Schnitt durch die Mittelpunkte dreier Kanten eine Ecke (in Form einer Pyramide) abgeschnitten (s. Abbildung!). Um welchen Anteil verringert sich dadurch das Volumen des Würfels? Gib diesen als Bruch und in Prozent an!

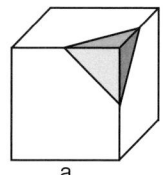

_____

_____

4. Wie groß ist der Rauminhalt einer zylindrischen Blechdose mit dem Durchmesser $d = 8{,}5$ cm und der Höhe $h = 8{,}0$ cm?

_____

_____

Z. Wie kann man mit sechs gleich langen Hölzchen (gleichzeitig) vier gleichseitige Dreiecke bilden?

_____

1. José und Juan spielen mit zwei Würfeln. José schlägt vor: Wenn Juan zwei Sechsen würfelt, erhält er von ihm 30 Pesos. Andernfalls hat Juan 1 Peso an José zu zahlen. Soll Juan darauf eingehen? Begründe deine Antwort!

_____

2. Gib jeweils durch einen Bruch die Wahrscheinlichkeit dafür an, dass für eine Quadratzahl Folgendes gilt:

   a) Die Quadratzahl endet auf 3: _____

   b) Die Quadratzahl endet auf 6: _____

   c) Die Quadratzahl ist durch vier teilbar: _____

3. Bei einem Spiel (wie z.B. „Mensch ärgere dich nicht") stehen die Spielsteine so, wie es die Abbildungen zeigen. Schwarz ist an der Reihe. Wie groß ist die Wahrscheinlichkeit, dass der weiße Stein „rausgeworfen" werden kann?

   a) _____

   b) _____

   c) _____

4. Wie viele Spiele (jeweils Hin- und Rückspiel) wären auszutragen, wenn eine Fußball-Liga aus 10 Mannschaften bestehen würde? Begründe!

_____

_____

5. Aus einem Stapel mit 32 Spielkarten wird eine Karte gezogen. Gib jeweils ein Beispiel für ein Ereignis an, das mit folgender Wahrscheinlichkeit auftritt!

   a) $\frac{1}{4}$ Es wird _____

   b) $\frac{1}{8}$ _____

   c) $\frac{1}{32}$ _____

1. Gib alle Zusammenstellungen der drei Buchstaben E, S und I an, bei denen jeder dieser Buchstaben genau einmal verwendet wird! Markiere die dabei entstehenden sinnvollen Wörter!

_____

2. Das Produkt $1 \cdot 2 \cdot 3 \cdot \ldots \cdot n$ lässt sich auch kurz als n! mit $n \neq 0$ schreiben. So ist $7! = 1 \cdot 2 \cdot 3 \cdot 4 \cdot 5 \cdot 6 \cdot 7$. Berechne folgende Produkte!

   a) $3!$ = _____

   b) $6!$ = _____

   c) $\dfrac{7!}{5!}$ = _____

   d) $4! - 2!$ = _____

3. In einer Gaststätte werden angeboten:
   Drei verschiedenen Suppen (Vorspeise), drei verschiedene Hauptgerichte und zwei verschiedene Desserts (Nachspeise).
   Ist es möglich, dass von 20 Gästen jeder eine andere Speisenfolge (Menü) bestellt?

_____

4. Werte die folgende Abschlusstabelle der zweiten Bundesliga aus!
   Ergänze die fehlenden Angaben!

   a) Insgesamt wurden ____ Spiele ausgetragen.

   b) Insgesamt wurden ____ Tore geschossen.

   c) Es wurden durchschnittlich ____ Tore pro Spiel erzielt.

   d) ____ % dieser 18 Mannschaften werden in der nächsten Saison nicht mehr in der zweiten Bundesliga spielen.

   e) Die höchste (positive) Tordifferenz findet sich beim _____ . Sie beträgt _____ .
   Die größte negative Tordifferenz findet sich bei _____ mit ____ .

1. 1. FC Köln	34	68 : 39	65
2. VfL Bochum	34	67 : 48	61
3. Energie Cottbus	34	62 : 42	58
4. 1. FC Nürnberg	34	54 : 46	55
5. Mönchengladbach	34	60 : 43	54
6. Oberhausen	34	43 : 34	49
7. Greuther Fürth	34	40 : 39	46
8. Alemania Achen	34	46 : 54	46
9. FSV Mainz 05	34	41 : 42	45
10. Hannover 96	34	56 : 56	44
11. Chemnitzer FC	34	42 : 49	43
12. Waldhof Mannheim	34	50 : 56	42
13. Tennis Borussia	34	42 : 50	40
14. FC St. Pauli	34	37 : 45	39
15. Stuttgarter Kickers	34	49 : 58	39
16. Fortuna Köln	34	38 : 50	35
17. Kickers Offenbach	34	35 : 58	35
18. Karlsruher SC	34	35 : 56	27

1. In einem Lager wohnen Anita, Bärbel, Colette und Denise in einem Viererzelt. Zwei von ihnen sollen an einem bestimmten Tag dem Küchendienst behilflich sein. Es wird ausgelost.

   a) Wie viele Möglichkeiten der Auswahl gibt es?

   b) Wie groß ist die Wahrscheinlichkeit, dass Anita dabei ist?

   c) Wie groß ist die Wahrscheinlichkeit, dass Anita und Denise dabei sind?

   _____

   Ergebnisse: a)   Möglichkeiten   b)   c)
   ___   _____   _____

2. Aus einem Kartenspiel werden sechs Karten ausgewählt und in zwei Häufchen (verdeckt) ausgelegt:

	♣	♥
	König, Dame, Bube	König, Dame, Bube

   Aus jedem Häufchen wird eine Karte entnommen. Ermittle mithilfe eines Baumdiagramms die Wahrscheinlichkeit für folgende Ereignisse!

   ```
        K
       /
   ---D
       \
        B
   ```

   a) Die erste Karte ist ein Bube. _____

   c) Beide Karten sind Buben. _____

   b) Eine der Karten ist ein Bube. _____

   d) Keine der Karten ist ein Bube. _____

Z. Es gibt Wörter, die aus lauter verschiedenen Buchstaben bestehen (z.B. Jugend, Balkon) und solche, in denen ein Buchstabe oder mehrere mehrfach vorkommen (z.B. Himmel, Wetter oder Sessel).

   a) Sprich eine Vermutung aus, ob unter den deutschen Wörtern mit sechs Buchstaben mehr zur ersten Gruppe (V) oder mehr zur zweiten Gruppe (G) gehören!

   _____

   b) Führe zur Bestätigung oder Widerlegung deiner Vermutung folgende Untersuchung durch: Bitte Freunde, Verwandte und Bekannte jeweils 10 deutsche Wörter mit sechs Buchstaben aufzuschreiben und stelle fest, wie viele jeweils zu (V) bzw, (G) gehören!

Versuch Nr.	1	2	3	4	5	6	7	8	9	10	Ges.
zu (V)											
zu(G)											

Leo und Nardo erfassen an einer Straße, wie viele Personen jeweils in den vorüber fahrenden PKW sitzen. Sie erhalten dabei folgende Ergebnisse:

Zahl der Personen pro Wagen	1	2	3	4
Zahl der Wagen	94	45	8	3

1. Ergänze!

   Zahl der erfassten Wagen: _____

   Zahl der darin befindlichen Personen insgesamt: _____

2. Berechne die durchschnittliche Anzahl der Personen pro Wagen!

   _____

3. Ermittle die prozentualen Anteile pro Wagen!

eine Person	zwei Personen	drei Personen	vier Personen

4. Stelle die Anteile in einem Diagramm dar!

5. In der Ferne naht ein weiterer PKW. Gib entsprechend den Ergebnissen der Beobachtung ein Ereignis an, das

   a) sicher ist: _____

   b) wahrscheinlich ist: _____

   c) möglich ist: _____

   d) weniger wahrscheinlich ist: _____

   e) unmöglich ist: _____

6. Wie groß ist die Wahrscheinlichkeit, dass die letzte Ziffer des polizeilichen Kennzeichens dieses Wagens

        a) eine 4   b) eine 4 oder 5   c) eine Primzahl ist?

   Ergebnisse: a) _____ b) _____ c) _____

1. Berechne mithilfe des Taschenrechners auf eine Dezimalstelle!

   a) $\dfrac{50{,}5 \cdot 0{,}85}{15{,}6 \cdot 0{,}043} =$ _____

   b) $38 : (15{,}25 - 74{,}6) =$ _____

   c) $\sqrt[3]{0{,}2621} =$ _____

   d) $\cos x = \dfrac{1{,}8^2 + 6{,}2^2 - 5{,}65^2}{2 \cdot 1{,}8 \cdot 6{,}2}; x =$ _____

2. Berechne jeweils die gesuchte Winkelgröße!

   a) Rechteck

   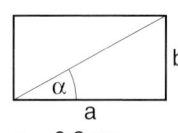

   a = 6,3 cm
   b = 2,5 cm

   _____

   _____

   _____

   b) Würfel

   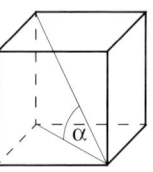

   a = 8,4 cm

   _____

   _____

   _____

3. Konstruiere die Tangenten durch P an den Kreis!

   a)

   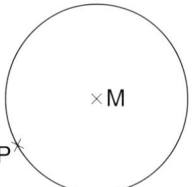

   b)

   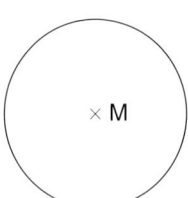

4. Berechne die durchschnittliche Geschwindigkeit in Kilometer pro Stunde!

   a) 140 km in 90 min

   _____

   b) 265 km in 2 h 50 min

   _____

5. Richard hat nacheinander mit einem Würfel 1; 3; 3; 4; 6; 4; 2; 4; 3 und 4 Augen gewürfelt. Wie groß ist die Wahrscheinlichkeit, dass er beim nächsten Wurf a) eine 5, b) eine 4 würfelt?

   a) _____

   b) _____

Vermischte Übungen
Wiederholung aus den Klassenstufen 5 bis 10

1. Wandle in die nächstkleinere Einheit um!

   a) 7 cm = _____ c) 7 m^2 = _____ e) 7 m^3 = _____

   b) 7 min = _____ d) 7 kg = _____ f) 7 dt = _____

2. Vereinfache!

   a) $6a + 3b - a - 4b$ = _____

   b) $7x^2 \cdot 3y - 2x \cdot 10xy$ = _____

   c) $4m(7n + 3) + (mn - 6m) \cdot 2$ = _____

   d) $(28a^2 - 35a) : 7a$ = _____

   e) $(a + b)^2 + (a - b)^2$ = _____

   = _____

3. Löse folgende Gleichungen! Führe die Probe durch!

   a) $4x - 23 = -x + 12$ b) $x^2 - 12x + 35 = 0$

   _____   _____

   _____   _____

   _____   _____

   _____   _____

   _____   _____

4. Berechne jeweils den Winkel β!

   a) 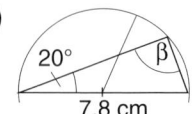   b) 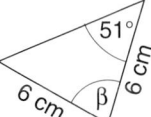   c)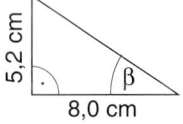

   _____ _____ _____

Z. Beweise, dass die Dreiecke SAB und SBC kongruent zueinander sind!

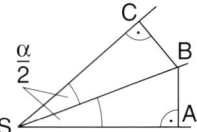

_____

_____

_____

1. Berechne!

   a) $4 - 16 = $ _____

   b) $-5 - 19 = $ _____

   c) $-36 + 6 = $ _____

   d) $3 \cdot (-4) = $ _____

   e) $(-3) \cdot (-8) = $ _____

   f) $15 - (-15) = $ _____

2. Stelle nach y um!

   a) $3x + y - 5 = 0$

   _____

   _____

   b) $2x + 4y = 15$

   _____

   _____

   c) $15 - 10x = -5y$

   _____

   _____

   d) $4y - 6x = -x - y$

   _____

   _____

3. Berechne die gesuchten Winkelgrößen!

   a) Parallelogramm ABCD: $\alpha = 50°$; $\beta = $ ____ ; $\gamma = $ ____ ; $\delta = $ ____

   b) Dreieck ABC mit a = b: $\gamma = 50°$; $\alpha = $ ____ ; $\beta = $ ____

   c) Trapez ABCD mit a $\|$ c: $\alpha = 45°$; $\gamma = $ ____ ; $\delta = $ ____
      $\beta = 60°$

4. Konstruiere ohne Benutzung eines Winkelmessers folgende Winkel!

   a) $\alpha = 45°$

   b) $\beta = 30°$

5. Ein 30 m langes Seil soll möglichst große Flächen umspannen.
   Vergleiche die Flächeninhalte von a), b) und c)!

   a) Clemens steckt ein Rechteck ab, dessen eine Seite 6 m lang ist.

   _____

   b) Mathias steckt ein Quadrat ab.

   _____

   c) Johannes steckt einen Kreis ab.

   _____

1. Berechne ohne Benutzung des Taschenrechners!

   a) $7{,}2 \cdot 0{,}2 =$ _____   c) $0{,}8 \cdot 0{,}12 =$ _____   e) $0{,}2^2 =$ _____

   b) $1{,}5 \cdot 30 =$ _____   d) $400 \cdot 0{,}05 =$ _____   f) $4{,}5^2 \cdot 2^2 =$ _____

2. Eine Bank nimmt bei einer (geduldeten) Überziehung des Kontos 14,75 % Zinsen.

   a) Wie viel Euro kostet es einen Kunden, der sein Konto ein Jahr lang um 720 € überzieht?   _____

   b) Wie viel Geld verliert er dadurch jeden Tag? (1 Jahr $\cong$ 360 Tage)   _____

3. Ein rechtwinkliges Dreieck ABC hat die Katheten a = 60 mm und b = 32 mm.

   a) Konstruiere ein solches Dreieck!

   b) Miss die Länge der Hypotenuse! Berechne diese Länge!

   Messwert: c = _____   _____

   Rechnung: c = _____   _____

   c) Miss die Größe der Winkel! Berechne diese Größe!

   Messwert: $\alpha =$ _____ ; $\beta =$ _____   _____

   Rechnung: $\alpha =$ _____ ; $\beta =$ _____   _____

4. Ben kauft zwei Bücher der Sorte A und ein Buch der Sorte B. Ted kauft ein Buch von A und zwei Bücher von B. Bob kauft zwei Bücher von A und zwei Bücher von B. Ben zahlt 23 $, Ted zahlt 19 $. Wie viel zahlt Bob?

   _____
   _____
   _____
   _____
   _____
   _____

1. Berechne und vereinfache so weit wie möglich!

   a) $(7a - 2b) + (10a + 3b) =$ _____

   b) $(7a - 2b) - (10a + 3b) =$ _____

   c) $(7a - 2b) \cdot (10a + 3b) =$ _____

2. Ein Dreieck ABC mit $c = 6{,}5$ cm, $\alpha = 37°$ und dem Flächeninhalt $A = 21$ cm^2 wird im Maßstab 2 : 1 vergrößert. Man erhält das Dreieck A'B'C' mit c', α' und A'.
   Gib die folgenden Größen an!   c' = _____ ; α' = ____ ;   A' = _____

3. a) Berechne 4,8 % von 1830 m!   _____

   b) Wie viel Prozent sind 16,4 km von 93,6 km?   _____

   c) Die Zahl 1667 soll um 20 % vergrößert werden.   _____

4. Ergänze die Angaben! Begründe!

   a)   b)

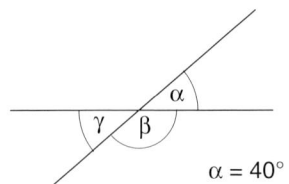

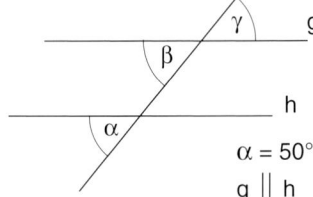

   $\alpha = 40°$ $\alpha = 50°$
                                                 g ‖ h

   β = _____ ; γ = _____ β = _____ ; γ = _____

   α und β sind _____ α und β sind _____

   α und γ sind _____ α und γ sind _____

Z. Die kubische Gleichung $x^3 - x = 0$ hat drei Lösungen. Gib sie an!

   _____ $x_1 =$; $x_2 =$; $x_3 =$

Vermischte Übungen
Wiederholung aus den Klassenstufen 5 bis 10

1. Schreibe als Dezimalbrüche!

    a) $\dfrac{7}{10}$ = _____   c) $\dfrac{4}{100}$ = _____   e) $\dfrac{9}{12}$ = _____

    b) $10\dfrac{2}{5}$ = _____   d) $\dfrac{12}{300}$ = _____   f) $\dfrac{53}{200}$ = _____

2. Entscheide, ob folgende Aussagen wahr (w) oder falsch (f) sind!

    a) Alle Primzahlen sind ungerade. _____

    b) Jede natürliche Zahl hat höchstens einen
       Nachfolger. _____

    c) Die Gleichung $a^2 = 1$ hat genau eine Lösung. _____

3. Löse folgende Gleichungen und überprüfe die Lösungen!

    a) $\dfrac{4}{x} = \dfrac{1}{x-3}$ b) $\dfrac{x-2}{x+1} = \dfrac{x+1}{x+5}$

    _____   _____

    _____   _____

    _____   _____

4. In einem Koordinatensystem sind
   die Punkte A(3; 2) B(7; 1) und
   C(8; 6) gegeben.

    a) Trage diese Punkte in das neben-
       stehende Koordinatensystem ein!

    b) Berechne die Längen der folgen-
       den Strecken!

    $\overline{AB}$ = _____

    $\overline{AC}$ = _____

    $\overline{BC}$ = _____

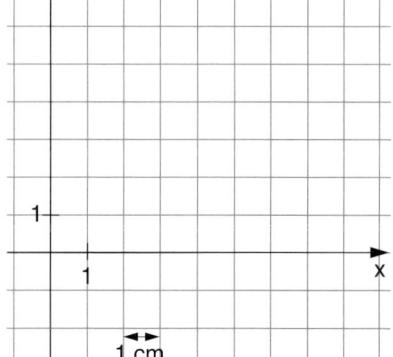

Z   Gib den Flächeninhalt des Dreiecks ABC aus Aufgabe 4 an!

_____

_____

1. Berechne ohne Benutzung des Taschenrechners!

   a) $4{,}7 : 1000 =$ _____   c) $5{,}5 : 0{,}05 =$ _____

   b) $1{,}4 : 70 =$ _____   d) $24 : 0{,}08 =$ _____

2. Gib die Winkel an, unter denen die Graphen der folgenden Funktionen die x-Achse schneiden!

   a) $y = x - 7$ b) $y = 3x - 6$ c) $y = -2x + 5$

   _____   _____   _____

   _____   _____   _____

3. Berechne!

   a) $(9{,}2 - 2{,}7)\,(3{,}4 + 0{,}6) =$ _____   c) $(-1)^{16} =$ _____

   b) $-13{,}4 + 8{,}9 + 0{,}4 + 0{,}1 =$ _____   d) $16^{-1} =$ _____

4. Wie lang sind die Höhen der folgenden Figuren?

   a) 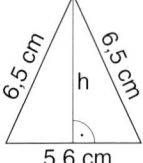   b) 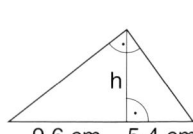   c)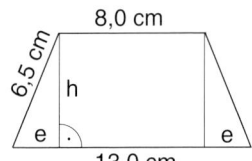

   _____   _____   _____

   _____   _____   _____

   _____   _____   _____

Z. Durch die Punkte A(2; 9) und B(4; 15) ist die Gerade AB bestimmt. Gib die Gleichung dieser Geraden an!

   _____

   _____

   _____

   _____

Vermischte Übungen
Wiederholung aus den Klassenstufen 5 bis 10

1. Berechne!

   a) $\sqrt{2} \cdot \sqrt{32}$ = _____

   b) $\sqrt{288} : \sqrt{2}$ = _____

   c) $\sqrt{x^4}$ = _____

   d) $\sqrt{a^{16}}$ = _____

   e) $\sqrt{36 + 64}$ = _____

   f) $\sqrt{36 \cdot 64}$ = _____

2. Drücke mithilfe von Variablen aus! Gib auch den Grundbereich an!

   a) eine ungerade Zahl _____

   b) eine zweistellige Zahl _____

   c) eine Zahl und ihr Vorgänger _____

   d) das Quadrat des Nach-
      folgers einer Zahl _____

   e) die Wurzel aus der Hälfte
      einer Zahl _____

3. Schreibe als Produkt bzw. als Potenz!

   a) $27ab - 45ac$ = _____   b) $m^2 + 6mn + 9n^2$ = _____

4. Gib zu den quadratischen Funktionen die Nullstellen und die Koordinaten des Scheitelpunktes der entsprechenden Parabel an!

   a) $y = (x - 4)(x + 2)$ b) $y = x^2 - 2x - 3$

   _____   _____

   _____   _____

   _____   _____

   _____   _____

5. Konstruiere das Dreieck ABC mit a = 4,6 cm; c = 5,5 cm und h_c = 2,5 cm!
   Hinweis: Die Aufgabe hat zwei Lösungen!

Vermischte Übungen

1. Löse die folgenden Gleichungssysteme!

   a) I. $3x + 2y = 2$

      II. $y = x - 9$

   b) I. $2x + 3y = 7$

      II. $-x + 2y = 14$

   _____   _____

   _____   _____

   _____   _____

   _____   _____

   _____   _____

2. Die Winkel α, β und γ sind Innenwinkel eines Dreiecks ABC. Ergänze die fehlenden Angaben!

α	β	γ	längste Seite	Art des Dreiecks
72°		18°		
35°	35°			
		144°		gleichschenklig stumpfwinklig

3. a) Konstruiere den Umkreis!   b) Konstruiere den Inkreis!

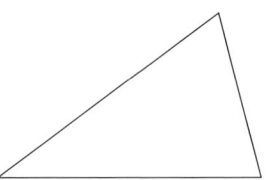

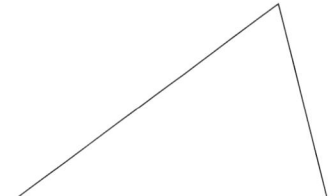

Z. a) Berechne die Größe der gefärbten Fläche K_1!

   b) Wie viel Prozent der Gesamtfläche sind gefärbt?

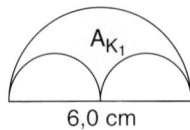

A_{K_1}

6,0 cm

   _____

   _____

   _____

1. Löse die folgenden Gleichungen!

   a) $\dfrac{x}{4} + \dfrac{x}{3} = 42$ b) $\dfrac{4}{x} + \dfrac{3}{x} = 42$

   _____   _____

   _____   _____

   _____   _____

   c) $(x + 3)(x + 4) = 42$

   _____

   _____

2. Ergänze die Angaben in der Tabelle!

Guthaben (in Franken)	6500		60000
Zinssatz	3 %	3,5 %	
Zinsen (in Franken)		154	4800

3. Ein Rhombus ABCD hat die Diagonalen $\overline{AC} = e = 7{,}0$ cm und
   $\overline{BD} = f = 5{,}0$ cm.

   a) Berechne die Seiten-
      länge s dieser Figur!   _____

   b) Berechne den Flächen-
      inhalt A_R dieser Figur!   _____

4. Gegeben: f_1: $y = 2x + 4$
   Gesucht: f_2 mit folgenden Eigenschaften:

   (1) Ihr Graph geht durch den Punkt $S_y(0; 4)$.

   (2) Die Graphen von f_1 und f_2 sind senk-
       recht zueinander.

   Ergebnis: f_2: $y =$ _____

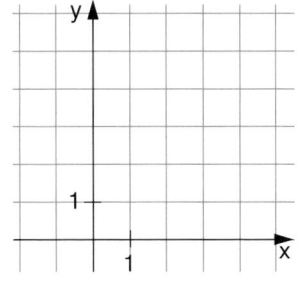

1. Für die nebenstehende nicht maßstäbliche Abbildung gelte: $a = 3{,}9$ cm; $b = 5{,}1$ cm; $f = 6{,}5$ cm.
   Berechne die fehlenden Größen c, d und e!

   _____

   _____

   _____

   _____

2. Ergänze die fehlenden Angaben für $\text{arc}\,\alpha = \dfrac{\pi \cdot \alpha}{180°}$!

α	60°	130°	32,5°		
arc α				1,234	6,28

3. a) Ein Preis wurde von 4,95 € auf 4,50 € gesenkt. Um wie viel Prozent wurde er gesenkt?

   _____

   b) Der Katalogpreis für eine bestimmte Briefmarke betrug im Jahr 1995 120 DM und stieg innerhalb von fünf Jahren um 210 %.
   Wie viel Mark betrug er danach?

   _____

4. Berechne die Potenzwerte!

   a) 25^0 = _____   c) $25^{\frac{1}{2}}$ = _____   e) $25^{1,5}$ = _____

   b) 25^{-1} = _____   d) 25^{-2} = _____   f) $(-25)^0$ = _____

Z. Ein Haus hat 30 Fenster. Zu jedem Fenster gehören zwei Fensterläden, doch fehlen einige davon. Einige Fenster haben noch beide Läden, die gleiche Anzahl hat gar keinen Laden, und am Rest ist jeweils ein Laden vorhanden. Wie viele Läden fehlen insgesamt an diesem Haus?

   _____

   _____

   _____

Vermischte Übungen
Wiederholung aus den Klassenstufen 5 bis 10

1. Berechne!

    a) $\dfrac{4x^2}{3y} \cdot \dfrac{15y}{2x} =$ _____

    b) $\dfrac{20ab}{21a} : \dfrac{15bc}{14c} =$ _____

2. Setze in die Terme jeweils fünf beliebige natürliche Zahlen ein, berechne die Termwerte und gib an, welche gemeinsame Eigenschaft sie jeweils haben!

    a) $11n$ <u>22; 55;</u> _____   alle Zahlen sind durch 11 teilbar

    b) $10n + 1$ _____   _____

    c) $4n^2$ _____   _____

3. Ergänze die Terme so, dass sie ein vollständiges Quadrat bilden und gib dieses (Quadrat) an!

    a) $x^2 + 6x +$ <u>9</u> $= (x + 3)^2$ c) $x^2 + x + \boxed{} =$

    b) $x^2 - 10x \boxed{} =$ d) $x^2 + \boxed{} + 1 =$
    _____

4. Für die nebenstehende (nicht maßstäbliche) Figur gelte: $BD \parallel CE$; $\overline{BD} = 16{,}5$ cm; $\overline{CE} = 18{,}7$ cm; $\overline{AB} = 18{,}0$ cm. Berechne $\overline{AC}$ und $\overline{BC}$!

    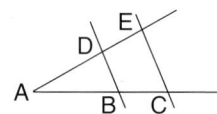

    _____

    _____

Z. Aus einem zylindrischen Rundstahl mit dem Durchmesser 60 mm und der Länge 90 mm wird der abgebildete Körper herausgedreht. Das eine Ende bildet eine Halbkugel, das andere ein Kegel mit 30 mm Höhe. Berechne den dabei entstehenden Abfall in Prozent!

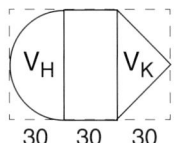

30   30   30

_____

_____

_____

1. Gib das kleinste gemeinsame Vielfache und den größten gemeinsamen Teiler der folgenden Zahlenpaare an!

   a) 24 und 36   b) 9a und $6a^2$ c) 4x und (6xy + 8xz)

      kgV: _____   kgV: _____   kgV: _____

      ggT: _____   ggT: _____   ggT: _____

2. Stelle jeweils einen Lösungsplan zur Berechnung der dritten Seite eines Dreiecks ABC (in Form von Gleichungen) auf!

   a) Gegeben: a; c; α b) Gegeben: a; c; β

   _____   _____

   _____   _____

3. Gegeben sind die Funktionen f_1: $y = x^2$ und f_2: $y = |x|$.

   a) Stelle f_1 und f_2 im Koordinatensystem dar!

   b) Gib alle Punkte an, die beide Graphen gemeinsam haben!

   _____

   c) Gib den Inhalt der Fläche an, die entsteht, wenn man diese Punkte (siehe Aufgabe b)) miteinander verbindet!

   _____

4. Entscheide, ob die Aussagen wahr (w) oder falsch (f) sind!

   a) Jedes Quadrat ist ein Parallelogramm. _____

   b) Es gibt Trapeze, die Rhomben sind. _____

   c) Nicht alle Parallelogramme sind Trapeze. _____

Z. Ein Züchter hält Kaninchen und Fasane. Es sind zusammen 30 Tiere, und sie haben zusammen 80 Füße. Wie viele Kaninchen und wie viele Fasane sind das?

_____

_____